Johannes Ranke

Anleitung
an der Hand klassischer Beispiele
zu
anthropologisch-vorgeschichtlichen Beobachtungen
im
Gebiet der deutschen und österreichischen Alpen

Elibron Classics
www.elibron.com

Elibron Classics series.

ISBN 0-543-88965-3 (paperback)
ISBN 0-543-88964-5 (hardcover)

This Elibron Classics Replica Edition is an unabridged facsimile of the edition published in 1880, Leipzig.

Anleitung

an der Hand klassischer Beispiele

zu

anthropologisch-vorgeschichtlichen Beobachtungen

im

Gebiet der deutschen und österreichischen Alpen.

Von

Dr. Johannes Ranke,

Professor an der Universität München.

Mit 1 Karte und 56 Tafeln im Text.

Vorbemerkung.

Die folgenden Blätter wollen keineswegs einen gedrängten anthropologisch-vorgeschichtlichen Cursus, sie wollen eben so wenig eine Übersicht der bis jetzt aus den Alpenländern bekannten Funde geben, sondern sie wollen nur sein, was der Titel besagt: Anleitung zu anthropologisch-vorgeschichtlichen Forschungen im deutschen und österreichischen Alpengebiet

Nach einer kurzen Übersicht der sich vor allem aufdrängenden Fragen soll an Einzelbeispielen gezeigt werden, wie betreffende Untersuchungen etwa anzustellen wären. Es schien für diese Aufgabe am zweckentsprechendsten, nicht etwa nur einen Fragebogen hinaus zu geben, sondern an Hand mustergiltiger Originaluntersuchungen die im Einzelfall nothwendigerweise zu berücksichtigenden Punkte vorzulegen. Man lernt nur so selbständig untersuchen, dass man geübten Untersuchern auf die Finger sieht.

Die Beispiele sind meist aus dem deutschen und österreichischen Alpengebiet gewählt. Es schien aber für grundlegende Erklärungen häufig wünschenswerth, auf Untersuchungen zurückzugreifen, welche aus einer Zeit stammen, in der die betreffenden Fragen neu aufgetaucht waren. Das ist der Grund warum vielfach auch die älteren klassischen Untersuchungen im Alpengebiet der Schweiz nnd in Norddeutschland beigezogen wurden. In diesen wird, im ersten Interesse der neuen Auffindung, noch Verhältnissen und Dingen eingehende Aufmerksamkeit geschenkt, welche in späteren Darstellungen und Fundberichten, deren Werth an und für sich in keiner Weise nahe getreten werden soll, als selbstverständlich unerwähnt bleiben und für den angehenden Forscher doch von grösster Bedeutung sind.

An dem Anfang unserer Besprechungen muss der Hinweis stehen, dass jede Untersuchung von Resten des Alterthums von dem Untersucher verlangt, dass die etwa aufgefundenen Gegenstände in wissenschaftlicher Weise gesammelt, aufbewahrt und beschrieben werden. In anderen Fällen wäre z. B. die Aufdeckung eines prähistorischen Grabes keine wissenschaftlich werthvolle That, sondern eine Beraubung und nutzlose Zerstörung.

Funde und Fundberichte sowie Mittheilungen über mögliche Fundstellen wie Höhlen, Pfahlbauten, Grabhügel etc. sollten von den Sammlern den grossen anthropologischen Gesellschaften, vor allem denen in München und Wien zur genaueren Untersuchung übermittelt werden.

Folgende periodische Schriften bilden die vorzüglichste Basis für eingehendere Belehrung über anthropologisch-vorgeschichtliche Fragen der uns beschäftigenden Gegenden:

1. Archiv für Anthropologie. Zeitschrift für Naturgeschichte und Urgeschichte der Menschen, redigirt von A. Ecker in Freiburg und L. Lindenschmit in Mainz.

2. L. Lindenschmit, die Alterthümer unserer heidnischen Vorzeit.

3. Correspondenzblatt der deutschen anthropologischen Gesellschaft. Redigirt von Professor Johannes Ranke in München, Generalsecretär der Gesellschaft.

4. Mittheilungen der anthropologischen Gesellschaft in Wien. Redigirt von Franz Ritter von Hauer, Carl Langer, M. Much, Friedrich Müller, L. Wahrmann, J. Woldřich.

5. Beiträge zur Anthropologie und Urgeschichte Bayerns. Redigirt von Johannes Ranke und Nicolaus Rüdinger.

6. Zeitschrift für Ethnologie. Redigirt von R. Hartmann, R. Virchow, A. Voss.

7. Mittheilungen der antiquarischen Gesellschaft in Zürich.

8. Denkschriften der mathematisch-naturwissenschaftlichen Classe der Kais. Akademie der Wissenschaften zu zu Wien (vgl. v. Hochstetter in Band 40.)

9. Abhandlungen der K. B. Akadmie zu München I. Cl. (vgl. Franz Streber in Band 9.)

10. Correspondenzblatt des Gesammtvereins der deutschen Geschichts- und Alterthumsvereine (vgl. E. Bracht. 1880. 1. 2.)

Von älteren Anleitungen zu anthropologisch-vorgeschichtlichen Untersuchungen wurden im Folgenden benutzt·

1. Der von der Münchener anthropologischen Gesellschaft herausgegebene Fragebogen. Anhaltspunkte zur Erforschung und Aufnahme urgeschichtlicher und geschichtlicher Alterthümer von Ohlenschlager, Zittel, J. Ranke.

2. Aus Neumayer, Anleitung zu wissenschaftlichen Beobachtungen auf Reisen· Anthropologie und prähistorische Forschung von Rudolf Virchow.

3. Die vaterländischen Alterthümer Schleswig-Holsteins von J. Mestorf.

4. Führer durch das Museum vaterländischer Alterthümer in Stockholm von O. Montelius. Deutsch von J. Mestorf.

Genauere Citate finden sich im Text an den betreffenden Stellen.

Kapitel I.

Übersicht über die Epochen der Urgeschichte.

Wir fassen in den Begriff Ur- oder Vorgeschichte jene ganze Zeitperiode zusammen, beginnend von den Anfängen der Besiedelung der betreffenden Gegenden durch den Menschen, durch die verschiedenen Epochen fortschreitender Cultur bis zum Anbruch des vollen geschichtlichen Tages.

Vor der Unterjochung der Alpenvölker durch die Römer drangen nur ungewisse, fast sagenhafte Berichte über dieselben zu den Sitzen der mittelländischen Cultur. Bis dahin sind wir in Beziehung auf die Rekonstruktion der Lebensverhältnisse und Fortschritte der Bevölkerung so gut wie ausschliesslich auf die naturwissenschaftliche Methode der prähistorischen Untersuchung angewiesen. In analoger Weise, wie die Paläontologie die Entwicklungsgeschichte der Lebewesen unseres Planeten aus den im Schoos der Gebirge erhaltenen versteinerten Resten längst verstorbener Thiergestalten zu rekonstruiren bestrebt ist, so will auch die prähistorische Forschung aus den verstreuten Überbleibseln, welche der Boden einstiger Wohnstätten von den über ihn hingegangenen Menschen-Geschlechtern bewahrt hat, eine Geschichte der Besiedelung von den ältesten Zeiten an, von denen uns historische Berichte Nichts zu sagen wissen, wieder aufbauen.

Auch mit der Herrschaft der Römer treten die Alpenvölker noch keineswegs in helles Tageslicht der Geschichte ein. Auch aus jenen Zeiten sind die verbürgten Nachrichten namentlich in Beziehung auf den Stand der Cultur der von den Römern unterjochten „Barbaren“ immerhin sehr fragmentarisch und lückenhaft und sie verschwinden für Generationen wieder vollkommen, nachdem im Sturm der Völkerwanderung die einstigen Sieger und Herren die Alpenpässe hatten räumen müssen.

Ueber die Bildung der heutigen Nationalitäten in den Alpen aus Resten der zum Theil romanisirten alten Alpenvölker und germanischen und slavischen Zuwanderern wissen wir ausserordentlich wenig wahrhaft Historisches. So schweigt z. B. die geschriebene Geschichte so gut wie vollkommen über die Frage der Germanisirung Tirols und es ist eine wichtige Aufgabe der vorgeschichtlichen Forschung, an der Hand der prähistorischen Funde die Einwanderung der deutschen Stämme, namentlich der Baiern und Alemannen, und ihre Wechselbeziehungen zu der romanisirten Urbevölkerung einerseits und zu den von Osten eindringenden Slaven andererseits zu erforschen. Aber wie in Tirol so ist die Entstehungsgeschichte der ethnologischen Verhältnisse, denen wir heute begegnen, fast in jedem Theil des Gebirgs in seiner Totalität noch ein ungelöstes Problem.

Die vorgeschichtliche Forschung im deutschen und österreichischen Alpengebiet wird sonach, wie in den meisten Gauen Österreichs und Deutschlands, auch jene noch wenig erhellten oder vollkommen dunklen Gebiete der Geschichte bis zur Periode der Merovinger, ja der Carolinger in ihr Bereich zu ziehen haben. In den uns vorzugsweise beschäftigenden Gegenden haben Jahrhunderte, ja Jahrtausende noch der Vorgeschichte angehört, welche in anderen Ländern Europas und namentlich der Mittelmeerküsten lange schon ihre beglaubigte Geschichte besitzen.

Wenden wir uns zur Skizzirung der Aufgaben der prähistorischen Untersuchung.

Es liegt in der Natur der Sache, dass die Ergebnisse der letzteren zunächst vornehmlich ein Bild der Culturentwicklungen zu gewinnen versuchen, welche sich auf dem speciellen Untersuchungsgebiet abgespielt haben. Erst daraus ergeben sich Anhaltspunkte, um das festgestellte Culturbild in den Rahmen der eigentlichen Geschichte und Chronologie einzufügen.

Die prähistorische Forschung hat zwei grosse Culturperioden zu unterscheiden gelernt, welche, wenn auch zu sehr verschiedener Zeit, nicht nur in allen europäischen Ländern und den Ländern der Mittelmeerküsten, sondern auf der ganzen Erde einander abgelöst haben. Sie pflegen mit dem Namen der Steincultur und der Metallcultur benannt zu werden.

Wir finden in allen Culturländern, deren Boden darauf bisher untersucht werden konnte, dass die ältesten Spuren der Bewohnung von Menschen herrühren, denen die Benutzung der Metalle noch unbekannt war, welche ihre wichtigsten Werkzeuge und Waffen aus Stein herstellten. Vor der Bekanntschaft mit den Metallen war jeder Culturfortschritt an die technische Vervollkommnung der Steininstrumente geknüpft. Wir erstaunen, bis zu welcher Summe von Errungenschaften in der Entwicklung der Lebensverhältnisse der Mensch ohne die Mitwirkung des Eisens gelangen konnte, auf dessen Benutzung wir die moderne Cultur basirt wissen.

Eine analoge Verwunderung ergreift uns, wenn wir bemerken, dass zwischen der Culturperiode des Steins und jener modernen des Eisens sich eine mittlere einschiebt, welche auf der Benutzung eines anderen kostbareren und, wie es uns scheinen möchte, schwerer zu erlangenden Metalles, des durch Zinnzusatz gehärteten Kupfers, der Bronze beruht.

Die Forschungsergebnisse lassen nicht daran zweifeln, dass es einst namentlich in den germanischen Nordländern eine Culturepoche gegeben habe, in welcher, theilweise neben der noch fortdauernden Benutzung der alterthümlichen Steininstrumente und Steinwaffen, vorwiegend Bronzeinstrumente, Bronzewaffen und Bronzegeräthe benutzt wurden mit Ausschluss des Eisens. Auf dieses Verhältniss gründeten die nordischen prähistorischen Archaeologen ihre Bronzeperiode, auf welche sie erst als dritte die Eisenperiode folgen lassen.

Wie es bis jetzt scheint, lässt sich für die uns vorzüglich beschäftigenden Gebiete eine solche strikte Trennung in Betreff des Metall-Materials zu Waffen und Werkzeugen noch nicht durchführen. Jedenfalls müssen wir aber auch hier eine Zeit anerkennen, in welcher das Eisen weniger, hingegen vorwiegend Bronze benützt worden ist, eine Culturepoche, welche mit der nordischen Bronzeperiode parallel geht und wie diese von der Bronze den Typus erhält. Ehe diese Fragen definitiv erledigt sind, werden wir besser thun, für unsere Gegenden nicht von einer Bronze- und Eisenperiode, als zwei strikt geschiedenen Epochen, sondern, als Collectivbegriff, von einer prähistorischen Metallperiode im Gegensatz zu der Steinperiode zu sprechen. Wir wiederholen indess, dass wir in dem eben angedeuteten Sinn immerhin auch in unserem Gebiet in der Metallperiode eine fortschreitende Entwicklung anerkennen müssen, welche sich durch die allmähliche Verdrängung der Bronze durch das Eisen charakterisirt.

Auch die Periode der Steincultur zerfällt in zwei auf den Höhepunkten ihrer Entwicklung in ganz charakteristischer Weise getrennte Epochen. in die alte oder palaeolithische Steinzeit und in die jüngere oder neolithische Steinzeit, welche aber, in gewissem Sinn in analoger Weise wie die beiden Metallepochen, an den Grenzen in einander übergehen.

Die ältesten bis jetzt beobachteten Spuren des europäischen Menschen sind roh in Form von Waffen und Instrumenten zugeschlagene Feuersteine, welche sehr zahlreich an den feuersteinreichen Kreideküsten Frankreichs in geologischen Schwemmgebilden neben Knochen zum Theil entschieden diluvialer Thiere gefunden worden sind.

Es sind aus Feuersteinknollen herausgeschlagene, oft keil- oder spitzaxtförmige Instrumente mit mehr oder weniger scharfer Schneide und Spitze (Tafel 1), deren meist im allgemeinen eiförmige oder längliche Gestalt nach Einfügung in einen Stiel (Tafel 20) eine Benutzung als axtförmiges Geräth oder Waffe ebenso zuliessen, wie sie bei anderer Befestigung etwa an der Spitze eines längeren Stockes als Lanze gebraucht werden konnten. Ausser diesen immerhin noch sorgfältiger bearbeiteten Steininstrumenten oder Waffen finden sich mit solchen in ausserordentlich grosser Anzahl Feuersteinsplitter und -Spähne, welche trotz ihrer primitiven Formen doch künstlich geschlagen erscheinen und als Messer und Schabinstrumente gedient haben mögen. (Tafel 2).

Nähere Aufschlüsse über das Leben der Ureinwohner Europas verdanken wir den Untersuchungen der Höhlen, namentlich der Kalkgebirge zunächst in Belgien, Frankreich, England, neuerdings aber auch in der Schweiz, Deutschland, Österreich und Italien. Auch in diesen altberühmten Fundstätten für Reste der animalen Bewohnung Europas in der Diluvial-Epoche fanden sich mit den Knochen ausgestorbener Thiere, und zwar hie und da entschieden unter den gleichen Einbettungs-Verhältnissen, rohe Feuersteininstrumente, den eben beschriebenen (Tafeln 1 und 2) vollkommen analog. Es sind wie jene vorzüglich gespitzte Axtformen, dann »Schaber« mit flacher Schneide und Spitze, oder Messer, deren Formen durch rohes Behauen hergestellt wurden.

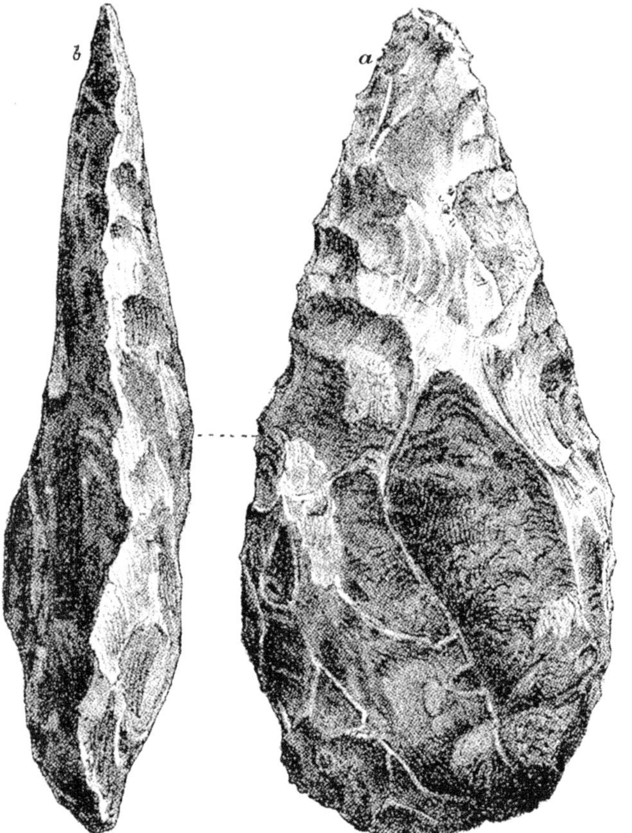

Tafel 1.
Steinwerkzeuge von St. Acheul bei Amiens. 1/2 n. G. nach Lyell.
a. Ansicht von der Fläche, *b.* Ansicht von der Kante.

Diese nicht feiner bearbeiteten, namentlich nicht geschliffenen, nur zugeschlagenen primitiven Werkzeuge und Waffen aus Stein sind es, auf deren Vorhandensein und Beschaffenheit die ältere oder palaeolithische Steinperiode begründet wird. Der

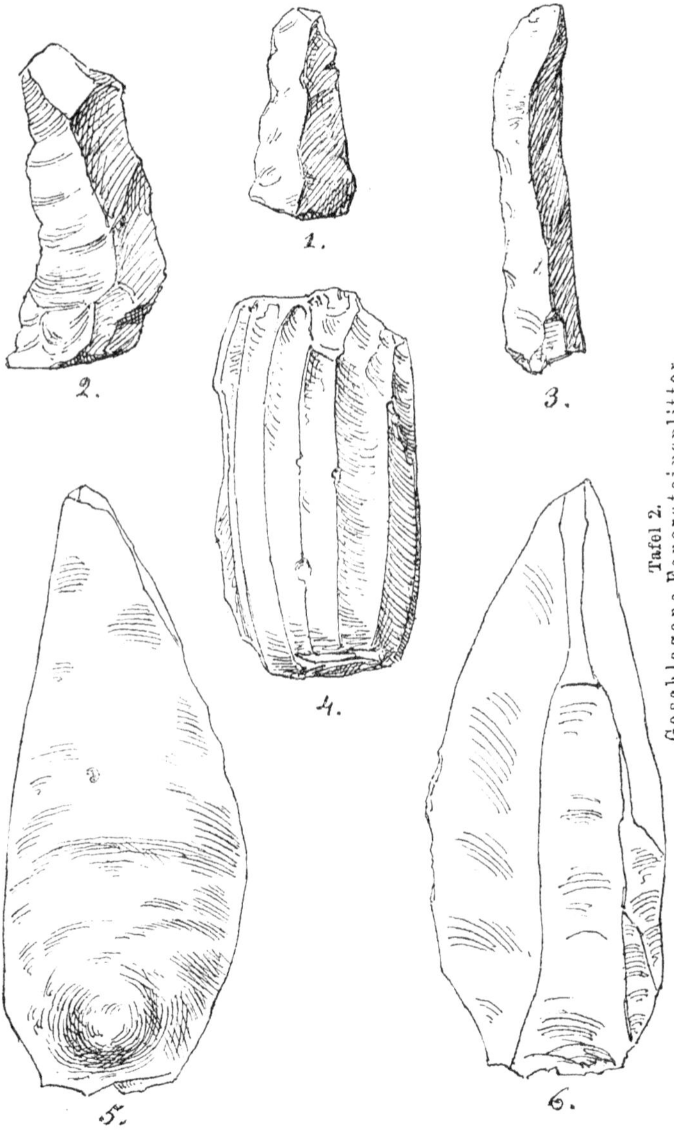

Tafel 2.

Geschlagene Feuersteinsplitter.

1. 2. 3. Kleinere Feuersteinmesser aus fränkischen Höhlen. 4. Steinkern, Nucleus, von welchem Feuersteinmesser abgesplittert wurden. 5. 6. Ein grösseres Feuersteinmesser nach E. Bracht. Die untere glatte Fläche 5 zeigt am unteren Ende den Schlagknollen.

Stein, den in der palaeolithischen Zeit die europäischen Urbewohner benutzten, ist der geschlagene (nicht-geschliffene) Feuerstein, eine Benennung, unter welcher wir hier alle analogen Quarzgesteine mit muscheligem Bruch zusammenfassen. Zur Charakterisirung der palaeolithischen Periode bedarf es jedoch stets des Nachweises, dass der Mensch, der jene Waffen und Werkzeuge benutzte, wirklich gleichzeitig mit der nun grossentheils ausgestorbenen Diluvialfauna gelebt habe.

Der Höhlenbär und das Rennthier waren für Mitteleuropa die vor allem typischen Thierformen, mit denen der in Höhlen hausende Mensch zu schaffen hatte. Wir beobachten, dass schon zur Zeit, als noch das Rennthier in Südfrankreich, in Schwaben und Baiern in Heerden weidete, die Höhlenbewohner nicht unbedeutende Fortschritte in den ersten Anfängen der Cultur gemacht hatten. Manches scheint darauf hinzudeuten, dass das Rennthier schon damals als Heerdethier gezähmt war, für die belgischen Höhlen ist Steenstrup der Nachweis gelungen, dass Hausthiere schon zur Zeit des „Rennthiermenschen“ existiren konnten. Auch in den Geräthen und Waffen zeigen sich Culturfortschritte. Wir finden neben jenen geschlagenen Feuersteinen Instrumente aus Knochen und Rennthierhorn mit dem Feuersteinsplitter geschnitzt in Formen, welche wir zum Theil heute noch bei den Eskimo's antreffen und die sich nach dieser Vergleichung als Harpunen, Pfeile, Pfriemen, Schabinstrumente etc. herausstellen. Es wurden zahlreich Knochennadeln gefunden, welche dafür zeugen, dass Etwas, und zwar denn doch sicher Gewand, genäht wurde. Es finden sich vielfach Scherben roher Thongeschirre, und die einfache Ornamentirung auf den Knochen und Horngeräthen, deren Motive von Schnüren und Flechtwerk genommen ist, spricht dafür, dass auch die ersten Kenntnisse der Flecht- und Webetechnik nicht mehr fehlten (Tafel 3). Vielfache Schmuckgegenstände beweisen einen erwachenden Sinn für die äussere Verschönerung des Lebens, welche als Basis weiterer Culturfortschritte dienen musste. Ja es fanden sich in Frankreich und der Schweiz meist auf Rennthiergeweihstücken eingekritzte Zeichnungen oder aus dem gleichen Material hergestellte Schnitzereien von Thiergestalten, welchen eine gewisse künstlerische Naturauffassung zukommt, wie sie bekanntlich auch den auf etwa gleicher Culturstufe lebenden modernen „Wilden“ nicht fehlt. Unsere

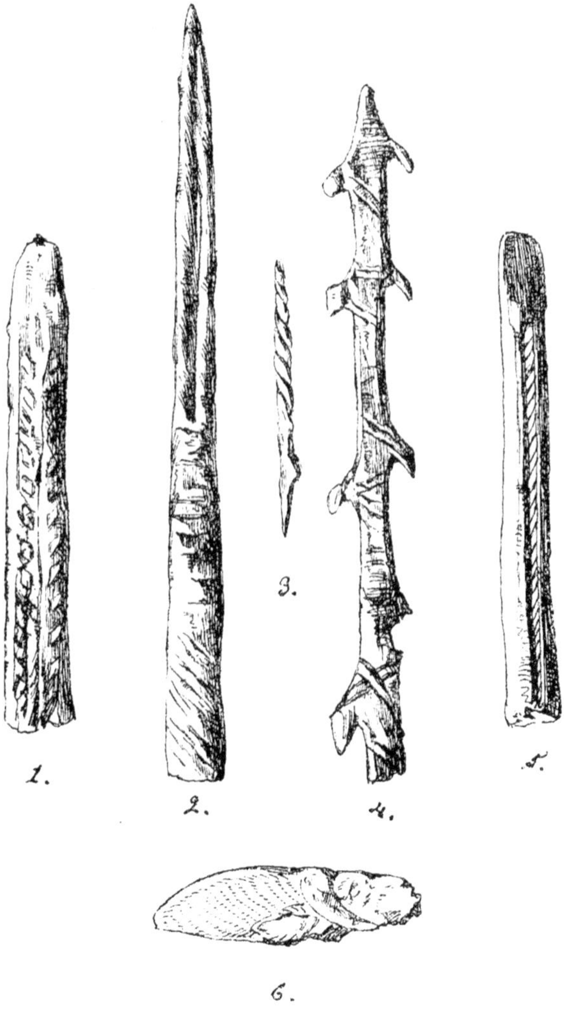

Tafel 3

1—5. Waffen und Werkzeuge aus Rennthierhorn geschnitzt, in primitiver Weise ornamentirt. 6. Sculptur eines Moschusochsen aus Rennthierhorn, ebenso wie 1—5 aus der Thayinger Hohle bei Schaffhausen.

Tafel 3 stellt unter 6 das berühmte Köpfchen eines „Moschusochsen“ dar, welches in der Thayinger Höhle bei Schaffhausen gefunden wurde. Der Moschusochse lebte einst mit dem Menschen gleichzeitig im Rheinthal.

Aber auch als der Höhlenbär ausgestorben war, als das Rennthier sich mehr und mehr nach dem Norden zurückgezogen hatte und endlich ebenfalls ganz aus Mitteleuropa verschwand, finden wir die Höhlen noch von Menschen bewohnt, welche kein Metall kannten und als Material für Werkzeuge und Waffen noch immer nur Stein, Holz, Knochen und Hirschhorn benutzten, die aber schon den Fortschritt vom Jäger- und Fischerleben zu den ersten Anfängen des Ackerbaues, zuerst zum Leinbau, vielleicht auch zur Viehzucht gemacht hatten.

In der Verarbeitung des Steins begegnen wir aber in dieser späteren Epoche einer wesentlichen Veränderung.

Noch immer dient der geschlagene Feuerstein als Haupthilfsmittel für Herstellung aller anderen Steingeräthe und der Geräthe aus jenen leichter zu bearbeitenden Materialien, wie Knochen und Horn, die den Höhlenbewohnern zur Verfügung standen. Aber namentlich in jenen Gegenden, in welchen der Feuerstein seltener ist oder meist nur in kleineren Knollen vorkommt, sehen wir für die Herstellung grösserer Äxte, Hämmer und Meissel andere zähe und harte Steinarten, namentlich schieferige hornblendehaltige Gesteine verwendet. Diese aus anderem Material als Feuerstein hergestellten Steininstrumente sind nicht mehr nur roh zugeschlagen, sondern geschliffen und vielfach zur Befestigung eines Griffes durchbohrt (Tafel 4, Fig. 6, 7a).

Die geschliffenen Steinwaffen und Steininstrumente charakterisiren die jüngere oder neolithische Periode, welche wir nach den neuesten Funden auch für die Höhlenbewohner im fränkischen Juragebiet nachweisen konnten. Die Bewohnung der Höhlen bietet uns nun in der Gesammtheit der Beobachtungen ein fortschreitendes Culturbild dar von der palaeolithischen bis zur neolithischen Culturepoche Europas.

Aber die Menschen der jüngeren Steinperiode haben keineswegs ausschliesslich in Höhlen als Troglodyten gehaust. Aus zahllosen Funden ist uns diese frühe Epoche der europäischen Cultur nach dem Zurückweichen und Aussterben der diluvialen Fauna in Mittel- und Nord-Europa bekannt durch die geradezu zahllosen Funde aus den nordischen Feuersteinküsten Deutschlands und aus den skandinavischen Ländern. Dort werden theils an Orten, welche Überreste alter Ansiedelungen im offenen Lande erkennen lassen, theils in Grabhügeln und in freier Erde überaus häufig aus Feuerstein hergestellte Instrumente und Waffen gefunden, welche sich in Beziehung auf die Technik der Herstellung und in ihrer Form wesentlich von denen der älteren Steinperiode unterscheiden. Es sind vor allem zahlreiche, zum Theil ausserordentlich wohlgeschliffene Keile und Äxte aus Feuerstein. Die Form der übrigen Instrumente ist sehr mannigfaltig. So hat man zum wenigsten fünf verschiedene Meisselformen, Plattmeissel und Hohlmeissel, ausserdem Stecheisen und Hobel gefunden, welche für die relativ hohe Ausbildung der Holzindustrie schon in jenen Zeiten sprechen. Unter den Formen dieser Steingeräthe unterscheiden wir etwa: Axt, Beil, Hammer, Meissel, Säge, Sichel, Messer, Dolch, Pfeil, Speer, Harpune. (Tafel 4.)

Vortrefflich war die Töpferei schon in jener Zeit entwickelt. Wir finden Häfen, Becher, Tassen, Teller, Flaschen, zum Theil von angenehmer Form, und oft geradezu geschmackvoll ornamentirt.

An den germanischen Meeresküsten sprechen Haufen aufgespaltener und als Nahrung verwendeter Muschelthiere untermischt mit Resten von Fischen und Säugethieren etc., die sich öfters in wallartigen Anhäufungen um die alten Ansiedelungen gelagert finden: Kjökkenmöddinger, Küchenabfälle, (Tafel 4. 1a. b.) davon, dass sich die Männer der jüngeren Steinzeit zum Theil von dem Ertrag des Meeres nährten. Andere Beobachtungen ergeben jedoch mit aller Entschiedenheit, dass die neuere Steinzeit auch schon entwickelte Rindviehzucht besass: es sind Pferd, Rind, Schaf, Schwein und Hund als Hausthiere des nordischen Steinmenschen nachgewiesen.

Die Funde aus der jüngeren Steinzeit der Alpen und Alpenvorländer geben uns weitere Aufschlüsse. Es sind das vor allem die Entdeckungen der noch in die Steinperiode fallenden ältesten Pfahlbauten in den Seen der Schweiz, Süddeutschlands,

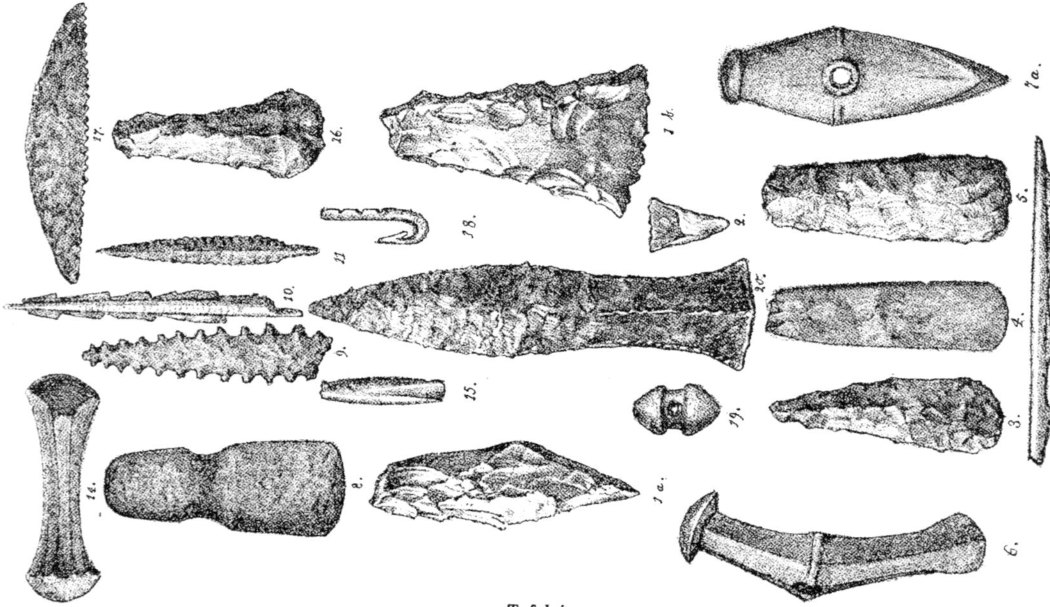

Tafel 4.

Geräthe und Waffen der neolithischen Periode in Schweden nach O. Montelius.

1 a. b. Feuersteinwerkzeug in Flächen- und Kantenansicht von Kjökkenmödding-Typus 2. Pfeilspitze aus Feuerstein. 3. Ungeschliffne Feuersteinaxt, ältere Form. 4. Geschliffene Feuersteinaxt. 5. Ungeschliffene Feuersteinaxt, spätere Form. 6. 7. Zwei Steinäxte mit Stielloch 8. Steinaxt mit Rinne zur Befestigung des Stiels. 9. Gezahnte Speerspitze aus Feuerstein 10. Pfeilspitze von Knochen mit eingesetzten Feuersteinsplittern. 11. Dreiseitige Pfeilspitze aus Feuerstein 14. Schleifstein von Sandstein. 15 Schmaler Hohlmeissel. 16 Schabinstrument von Feuerstein 17. Halbrunde Feuersteinsäge. 18. Angelhaken von Knochen. 19. Bernsteinperle. 20. Feuersteindolch. 21 Harpunenspitze aus Knochen.

Österreichs und Italiens. Den Einwohnern jener Gegenden, welche damals vielfach auf in den Seegrund eingetriebenen Pfählen und von diesen gestützten Pfahlrosten ihre primitiven Hütten bauten und hier geradezu in Dorfanlagen, in Wasserdörfern wohnten (Tafel 5), war auch der Ackerbau in seiner relativ ausgebildeten Form vor der Einführung der Metalle bekannt, er wurde neben Viehzucht, Jagd und Fischfang als vorzüglicher Nahrungserwerb geübt.

Tafel 5.

Reconstruction einer Pfahlbauanlage.

1 Rost und Brücke, durch Pfähle gestutzt. 2. Reconstruirte Hütte auf dem von Pfählen gestützten Rost.

Nach F. Keller, dem wissenschaftlichen Entdecker und besten Kenner der schweizerischen Pfahlbauten *) erscheinen die Gründer der letzteren schon in der Steinperiode als ein

*) Mittheilungen der antiquarischen Gesellschaft in Zurich Bd. IX—XV etc. — Bd. XIII. Heft 3. Pfahlbauten. Dritter Bericht.

Hirtenvolk, im Besitz fast aller wichtigen Hausthiere, wie des Rindviehs, des Pferdes, des Schafs, der Ziege, des Schweins, des Hundes. Diese Thiere stammen nicht aus Europa, sondern aus Asien. Die Bewohner der Wasserdörfer kannten den Feldbau und pflanzten verschiedene Getreidearten (Weizen, Gerste) und Flachs, Gewächse die ebenfalls aus Asien stammen. Sie nährten sich von Viehzucht, vom Ackerbau, vom Ertrag der Jagd und Fischerei, von wildem Obst und allem was das Pflanzenreich Essbares darbot Ihre Kleidung bestand, in frühester Zeit wenigstens, in Fellen und in Zeugen, die zum Theil aus Flachs verfertigt waren.

Das Bestreben der Ansiedler, in dauerhaften, vor Überfällen gesicherten Stätten und gesellschaftlich beisammen zu wohnen, ist ein untrüglicher Beweis, dass ihnen die Vortheile einer sesshaften Lebensweise längst bekannt waren, und dass wir uns unter denselben keine herumziehenden Hirten, noch weniger ein eigentliches Jäger- und Fischervolk zu denken haben. Eine bleibende Vereinigung einer grossen Menge Menschen auf demselben Punkte und von Hunderten von Familien in benachbarten Buchten hätte nicht stattfinden können, wenn nicht ein regelmässiger Zufluss von Nahrungsmitteln durch alle Jahreszeiten, wenn nicht die Anfänge einer gesellschaftlichen Ordnung vorhanden gewesen wären.

Auf dieser relativ hochentwickelten Grundlage des primitiven Culturstandes der neolithischen Steinperiode entwickelte sich in organischem Fortschreiten d i e G e s a m m t-E p o c h e d e r M e t a l l c u l t u r mit ihren Unterabtheilungen der Bronze- und Eisenperiode.

Nirgends lässt sich für die Alpenländer der organische Zusammenhang der Culturfortschritte schlagender und zweifelsfreier nachweisen, als in den Pfahlbauten. Folgen wir auch hier unserem bewährten Führer F. K e l l e r.

Die Ansiedler der Pfahlbauten (in der Schweiz) kamen nach dem Ergebniss der Funde schon sehr früh in mittelbare Berührung mit handeltreibenden und gebildeten Völkern, von denen sie Geräthschaften und Schmucksachen erhielten.

Die Seeansiedelungen haben ihrer ursprünglichen Anlage nach sehr lange fortbestanden. Die ältesten Niederlassungen gehören, wie wir eben sahen, der neolithischen Steinperiode an. Der Feuerstein ist derjenige Stoff, durch welchen mittelbar oder unmittelbar alles Werkzeug seine Form erhält. Er selbst tritt jedoch neben jenen oben genannten anderen Steinarten, die zu Handwerksgeräthen geschliffen wurden, in den Hintergrund, sowohl was seine Bearbeitung wie Zahl anlangt. Die übrigen zu Werkzeugen verwendeten Stoffe und die verschiedensten Formen der ersteren nebst allen übrigen Industrieprodukten dieser Periode können dagegen einen Vergleich mit der nordischen Steinzeit wohl aushalten.

Nachdem durch Handelsverkehr mit den gebildeten Völkern des Südens die Ansiedler mit der Bronze bekannt geworden und dieselbe zu verarbeiten gelernt hatten (Tafel 6), kam allmählich das Geräth der Steinperiode ausser Gebrauch und zwar in dem Grad, dass bei den in der „Bronzezeit“ gegründeten Niederlassungen (z. B. Morges) sich ebensowenig Stein- oder Knochengeräthschaften irgend welcher Art auffinden lassen, als in den in der Steinzeit untergegangenen Ansiedelungen der nördlichen und östlichen Schweiz eine Spur von Bronze zum Vorschein kommt. Sehr bedeutend ist indessen die Zahl der Dörfer, welche beiden Perioden angehören, und in denen die Geräthe der einen und andern sich in bunter Mischung zusammen finden. In der Menge und Gestaltung der Bronzegegenstände, sowie auch in den gleichzeitigen Produkten offenbart sich ein Erfindungsgeist und eine Wohlhabenheit, welche eine bedeutende Entwickelung und Hebung der Lebensverhältnisse der Pfahlbaubewohner in der Bronze-Periode erkennen lassen.

Sobald das Eisen den Ansiedlern geboten wurde, war ihr Bestreben zunächst, das nothwendigste aller Geräthe, die Axt, aus diesem Stoffe darzustellen, dann auch die Waffen und alles übrige Schneide- und Stechgeräthe. In dieser culturgeschichtlichen Periode treten unsere Gegenden in die Weltgeschichte ein. In den Pfahlbaustellen aufgefundene, unzweifelhaft römische Gegenstände ergeben, dass verschiedene der Bronzeperiode angehörende Pfahlbau-Ansiedelungen (z. B. des Bieler und Neuenburger Sees, des Würmsees) noch in römischer Zeit bewohnt waren.

In Beziehung auf die Construction der Pfahlbauten lässt

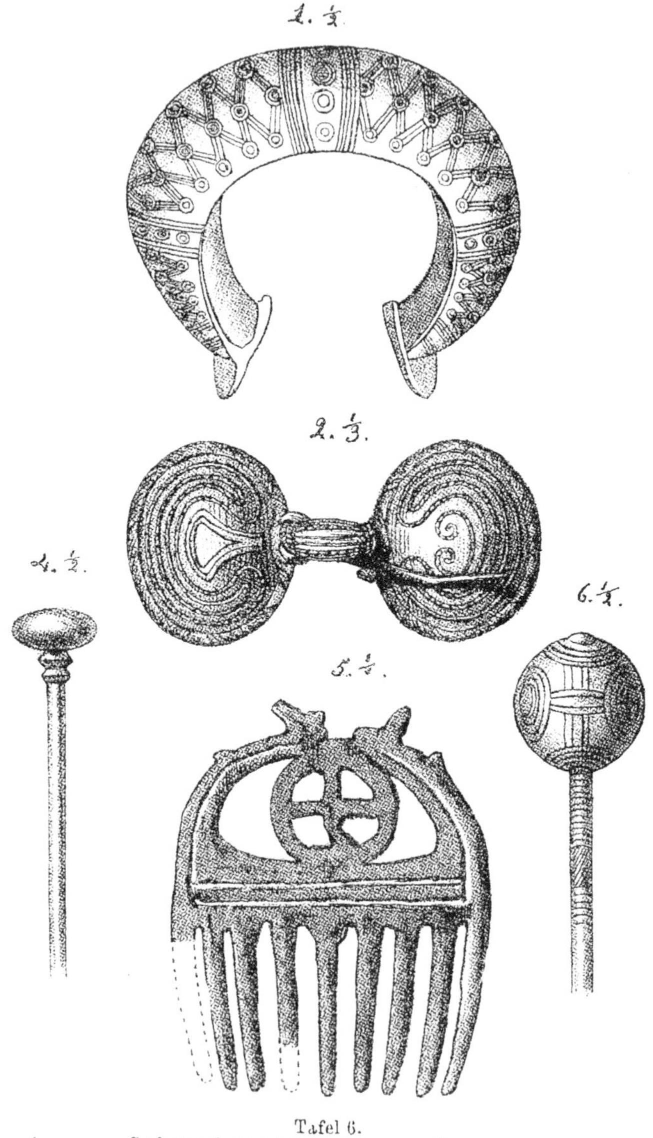

Tafel 6.

Schmuckgegenstände aus Bronze.

1 Armring aus dem Neuenburger See. 2 Gewandnadel aus Schweden nach O. Montelius. 4. 6 Zwei Schmucknadeln aus Schweizer Seen. 5. Kamm aus Schweden nach O. Montelius.

sich zwischen denjenigen der frühesten und denjenigen der späteren Zeit, nach F. Keller, keinen durchgreifenden Unterschied entdecken. Die Bauten der Übergangs- und der Bronzezeit sind solider und an tieferen Stellen des Sees aufgeführt. Das den Pfahlbauten enthobene, aus Stein, Thon und Bronze gefertigte Geräthe ist seiner Form und Verzierung nach vollkommen demjenigen ähnlich, welches in Gräbern und Grabhügeln und sporadisch auf dem Lande gefunden wird. Die Überreste der Stein- und Bronzeperiode stellen sich als die verschiedenen Stadien der Entwicklung eines und desselben Geschlechtes dar. Gleichzeitig lebte dasselbe Geschlecht in der Schweiz auf Pfahlbauten und in Landansiedelungen.

Die Frage der Unterscheidung der Metall-Perioden, früher vorwiegend auf die Unterscheidung des stofflichen Materials gegründet, verwandelt sich nach den neueren Untersuchungsergebnissen wesentlich in eine Styl-Frage.

Einen entscheidenden Fortschritt in der richtigen Erkenntniss dieser Verhältnisse verdanken wir abgesehen von den bahnbrechenden skandinavischen Arbeiten für unser Gebiet schon den Ergebnissen der Untersuchung des berühmten Gräberfelds bei Hallstatt in Oberösterreich durch v. Sacken*), deren Resultate durch die grossartigen Entdeckungen auf dem Wohngebiet der alten Etrusker namentlich in Bologna und die Ausgrabungen in Troja, Mycene, Cypern und Olympia eine überraschende Bestätigung und weiteren Ausbau erfuhren.

Das Eisen tritt nach v. Sacken**) so allmählich, in so früher und an den verschiedenen Orten zu so ungleicher Zeit auf, und es werden so vielfach Bronzen mit dem charakteristischen Styl der Bronzezeit neben Eisen gefunden, dass die Trennung nach dem Material allein eine missliche wird.

Als das Wichtigste bei der Unterscheidung der beiden Metallperioden erkennt v. Sacken das geistige Moment in der Formgebung, d. h. den Styl. Eine grosse Gruppe von Bronzen, welche theils ohne, theils wie in Hallstatt in Begleitung mit

*) v. Sacken Das Grabfeld von Hallstatt in Oberösterreich und dessen Alterthumer.

**) a. a. O.

Eisen, das aber dann in der Regel in gewissem Sinne untergeordnet erscheint, gefunden worden, zeigt einen durchaus übereinstimmenden Charakter, eine ausgeprägte Formgebung mit zahlreichen Variationen innerhalb feststehender Grenzen und ein fertiges und eigenthümliches System der Ornamentik (Tafel 6—9); diese Merkmale stellen sich als der Ausfluss einer bestimmten Culturrichtung, als der formale Ausdruck einer gewissen Strömung des geistigen Lebens der Völker, somit als ein eigentlicher Styl dar. Die Schwerter mit schilfblattähnlichen Klingen (Tafel 8) und halbmondförmig daran schliessenden Griffen, die ähnlichen Dolche, dann jene den Steinkeilen nachgebildeten Bronzeäxte (Tafel 9, 10), die Palstäbe und Kelte, die mannigfachen Spiralen bei den Schmucksachen, die einfachen linearen Bandstreifen und vorherrschenden Kreis- und Spiralornamente bei Mangel pflanzlicher Bildungen repräsentiren nach v. Sacken insbesondere diesen Styl, den man wegen des Vorherrschens der Bronze, an der er vorzugsweise zum Ausdruck kommt, den „Bronzestyl" nennen kann. Dem Grundtypus nach entstammt dieser Styl den Culturvölkern des Mittelmeers und hat sich besonders in Etrurien lange gehalten und specifisch entwickelt, hat aber auch nördlich der Alpen und namentlich an den germanisch-skandinavischen Nordküsten eine lokalgefärbte Ausbildung erfahren. Es scheint unmöglich zu leugnen, dass besonders von Etrurien her ein bestimmender Einfluss für die Verbreitung des Bronzestyls in die Gegenden nördlich der Alpen ausgegangen ist. Doch wäre es gewiss unrichtig, wenn wir uns der Thatsache verschliessen wollten, dass wir es bei dem Bronzestyl mit einem uralten Besitzthum der ganzen mittelländischen Culturwelt zu thun haben. Nach Conze's Bezeichnung wird der z. B. auch wieder unter den zahlreichen Klein-Bronzen in Olympia vielfach vertretene Ornamentirungs-Styl, der, ausschliesslich lineare Motive verwendend, mit der transalpinen oder nordischen Bronze-Ornamentirung zusammentrifft, als „geometrische Ornamentik" bezeichnet. Der Styl war in wesentlich gleicher Weise über ganz Italien verbreitet, von wo er dem Norden überliefert wurde. Nach Furtwängler's Angabe zeigen Blechbänder aus Olympia mit getriebenem Ornament genau dieselbe Tech-

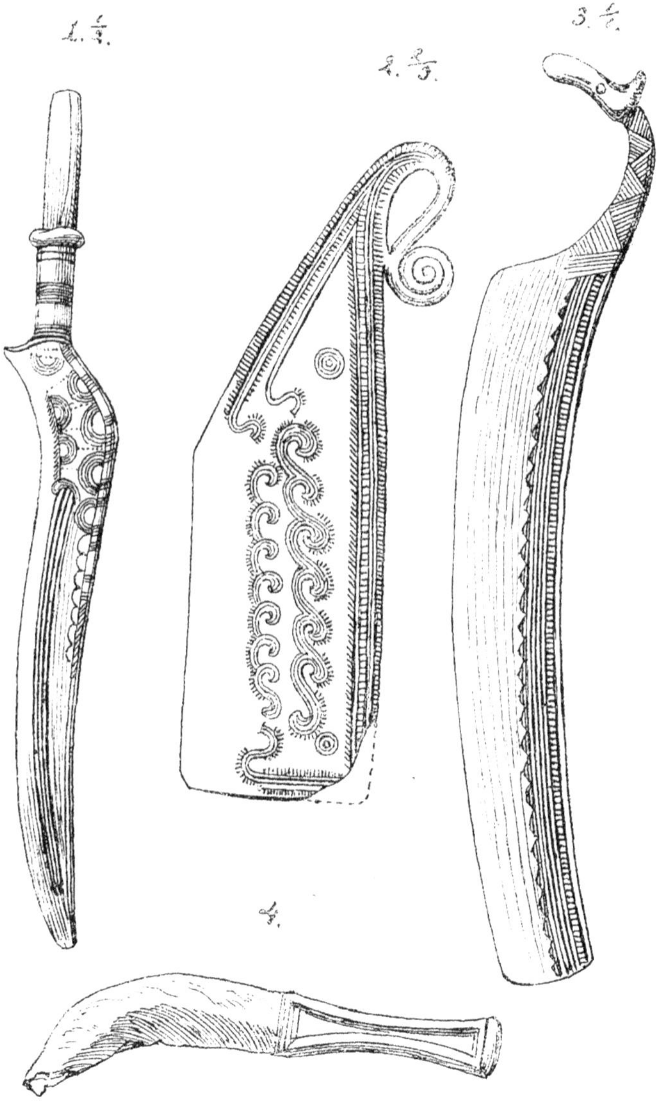

Tafel 7

Ornamentirte Bronzemesser

1. Bronzemesser aus der Schweiz. 2. 3. Bronzemesser aus Schweden nach O. Montelius. 4. Bronzemesser von der Insel Sylt nach J. Mestorf.

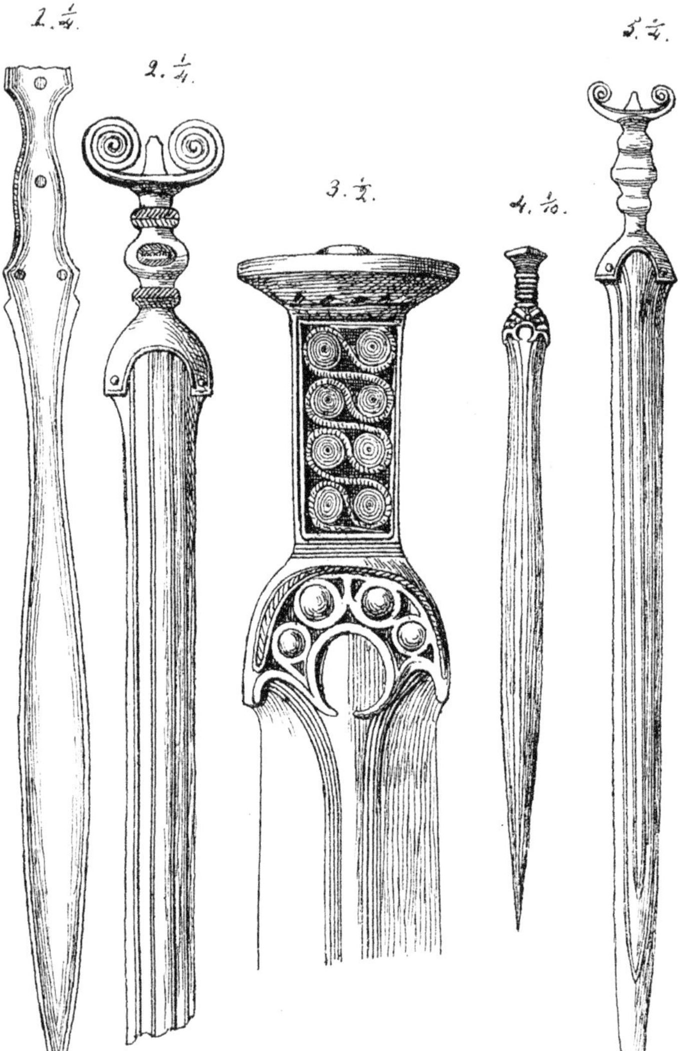

Tafel 8.

Bronzeschwerter.

1–4. Bronzeschwerter aus Skandinavien. 3. 4. aus Schweden nach O. Montelius. 5. aus dem Neuenburger See.

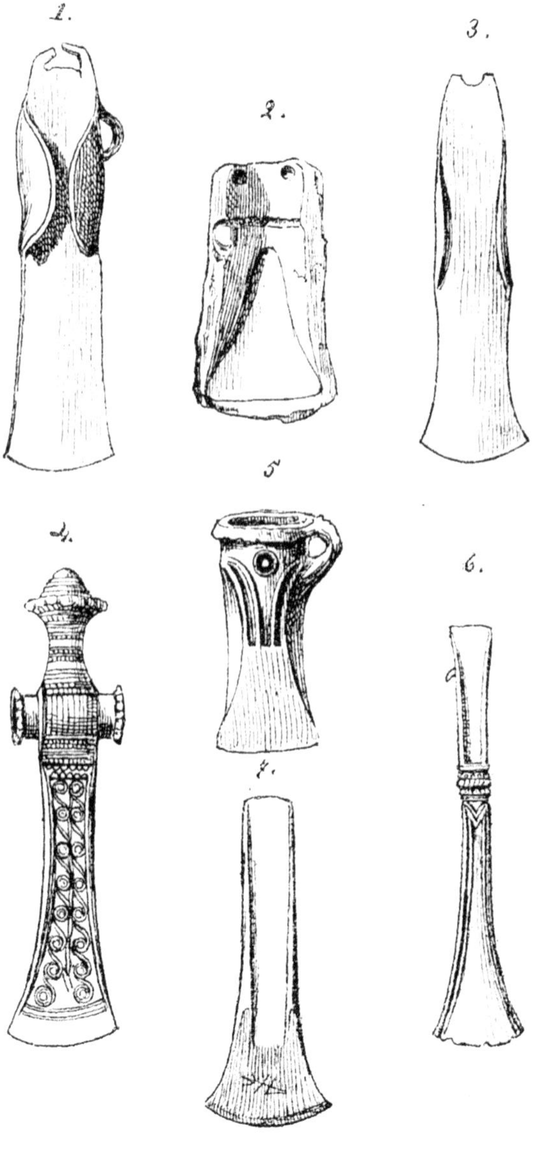

Tafel 9.

Bronzeäxte, Kelte.

1 und 2 Schaftkelte, 1 mit Öse. 2. Bronzene Gussform für Hohlkelte aus Schweden nach O. Montelius. 4. Massive Bronzeaxt aus Schweden nach O. Montelius. 5. Hohlkelt mit Öse nach J. Mestorf. 6. Schaftkelt aus der Insel Sylt nach J. Mestorf. 7 Schaftkelt mit Runenähnlichen Zeichen aus Schweden nach O. Montelius.

nik und theilweise dieselben Motive wie Gürtelbleche von Hallstatt

Die in Etrurien wie im Norden verbreitete Technik des Tremolirstichs findet sich auch in Olympia für die Zickzackstreifen angewendet. Die Formen der Fibeln dieser Periode stimmen fast durchaus mit solchen des Ostens und Nordens überein, dasselbe gilt im Wesentlichen von dem ältesten und häufigsten Typus der Armringe. Im ganzen ist jedenfalls die Übereinstimmung zwischen den Typen der Bronzegegenstände an den verschiedensten Orten, im Osten, Westen und Norden, eine derartige, dass sie die ursprüngliche Identität des Ausgangspunktes dieser Gegenstände erweist. Es ist charakteristisch, dass diese Übereinstimmung hauptsächlich im Gebiet der kleinen Schmuckgegenstände, der getriebenen Gürtel u. dergl. herrscht, d. h. in Dingen, die ein geeignetes Object für weitverbreiteten Handel waren. Furtwängler spricht diese Übereinstimmung sehr energisch in den Worten aus „dieselben grossen Fibeln und plumpen Halsketten u. dergl. trugen die Frauen von Elis und von Oberösterreich".*) Dagegen wird mit aller Entschiedenheit von anderer Seite auf die lokale Ausbildung der Bronzeobjecte hingewiesen, welche nur durch eine Verfertigung derselben an Ort und Stelle erklärbar ist.

Den Objecten des „geometrischen Bronzestyls" stellt v. Sacken namentlich eine andere Gruppe gegenüber, welche einen durchaus verschiedenen Styl, ein anderes Princip in Form und Verzierung zeigt, auf anderen geistigen, national und künstlerisch verschiedenen Elementen beruht. In Beziehung auf das Material ist diese Stylgruppe dadurch charakterisirt, dass ihre Objecte aus Eisen mit wenig Bronze oder Messing bestehen. Schon die äusseren Formen der Waffen, der Geräthe, des Schmucks etc. unterscheiden sich von jenen des

*) Conze und Furtwängler unterscheiden neben dem geometrischen System der Ornamentik bei den Olympischen Bronzen noch ein sich scharf absonderndes »orientalisches«, welches vorwiegend pflanzliche und sogenannte orientalische Thiermotive, Bilder wilder und wunderbarer Thiere verwendet. Nördlich jenseits des Apennin und noch mehr jenseits der Alpen ist dieser „orientalische Styl" nur noch in vereinzelten Exemplaren (Hallstatt) vertreten, während er in Etrurien südlich vom Apennin zahlreich vorkommt. Es ist das um so auffallender, da beide Ornamentations-Motive seit den ältesten Zeiten in Griechenland, wie die Ausgrabungen in Mycene gelehrt haben, neben einander hergegangen sind.

„geometrischen Bronzestyls“ wesentlich. Wir finden zweischneidige, lange doppelschneidige Schwerter mit Parirstange oder Scheibe mit pilzförmigen Knäufen, die Spatha, dann kürzere einschneidige Schwerter, den Kramasax, eiserne Speere, Angonen, Äxte mit geschwungener Schneide (z. Theil Franciska), Schildbuckeln in Hutform, Fibeln mit halbrunder, dreieckiger oder bandförmiger Scheibe. (Tafel 10, Fig. 3—5, 7—10.) Diese der Form nach von denen des geometrischen Bronzestyls ganz abweichenden Dinge zeigen ein ebenso charakteristisch verschiedenes System der Ornamentik sowohl in der Liniengebung als in der Technik. Hier herrschen Bandverschlingungen, phantastische Thier- und Menschengestalten, Anfänge pflanzlicher Bildungsformen vor; in Beziehung auf die Ornamentationstechnik finden wir Silbertauschirung, Niello, Besatz mit Steinen und Pasten. Das ist der Styl, den wir als den des „germanischen Eisenalters“ bezeichnen können, aus der Periode der fränkisch-alemannischen Reihengräber. Er tritt in unseren Gegenden vorzugsweise mit den germanischen Stämmen, namentlich der Franken und Alemannen auf und verbreitet sich in ziemlich gleichmässigen Erscheinungen über Deutschland, Belgien, die Schweiz, Frankreich, England.

Bronze- und Eisenstyl stehen sich, wie v. Sacken mit Recht bemerkt, sonach nicht sowohl wegen ausschliesslicher Verwendung oder Mangel des einen oder des anderen Metalls, sondern nach ihrem geistigen Inhalt, den eigentlichen Culturelementen, wie sie sich in Form und Verzierung ausprägen, gegenüber. Diese Eintheilung gibt auch eine ethnographische Gruppirung, indem sich der geometrische Styl der Bronzeperiode auf den Einfluss der Mittelmeervölker zurückführen lässt, während uns jener der Eisenzeit vorzugsweise getragen von nordgermanischen Elementen entgegentritt. Ebenso scheiden sich beide der Zeit nach; der erste fällt für Mitteleuropa in die Mitte und die zweite Hälfte des ersten vorchristlichen Jahrtausends, in die Periode der Handelsbeziehungen der südlichen Cultur- und Handelsstaaten mit den keltischen und germanischen Stämmen, der andere tritt bei uns mit den germanischen Völkern in der nachchristlichen Zeit auf.

Conze bezeichnet eine dem „germanischen Eisenstyl“ in

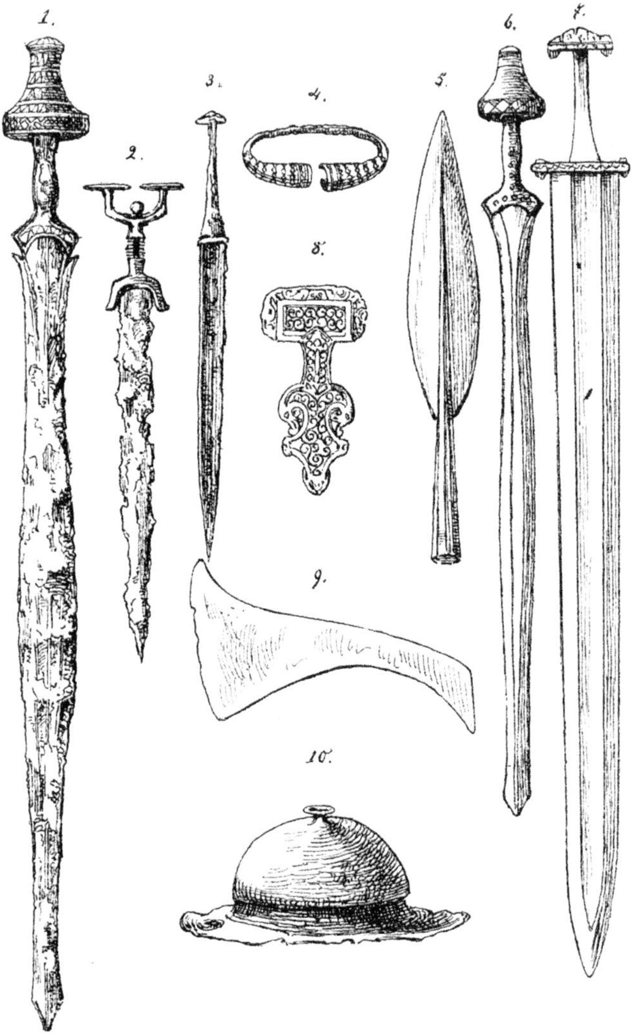

Tafel 10.

I. Hallstätter Typus aus Bronze und Eisen gemischt 1. 2. und 6. aus Hallstatt nach v. Sacken. 1. Eisenschwert mit Bronzegriff. 2. Eisendolch mit Bronzegriff. 6. Bronzeschwert.

II. Eisenwaffen und Schmuck aus germanischen Reihengräbern nach Lindenschmit 3—5, 9—10. 3. Kramasax, kurzes einschneidiges Schwert. 7. Spatha, langes, zweischneidiges Schwert. 5. Lanzenspitze. 9. Fränkische Axt, Franziska. 10. Schildbuckel. 4. Bronzearmring. 8. Gewandnadel, Ansicht von oben.

gewissem Sinn verwandte Stylgattung vieler Mittelmeer-Bronzen als orientalischen Styl (vgl. die Anmerkung S. 280). Wir glauben Anklänge an den „germanischen Eisenstyl" schon in den Mycenischen Alterthümern zu finden, auf orientalischen, namentlich asiatischen Einfluss hindeutend. Es scheint, dass in der „germanischen Eisenornamentik" ein ursprünglicher, von den germanischen Völkern vielleicht schon aus ihrer asiatischen Heimath mitgebrachter Verzierungscharakter wieder, wenn auch

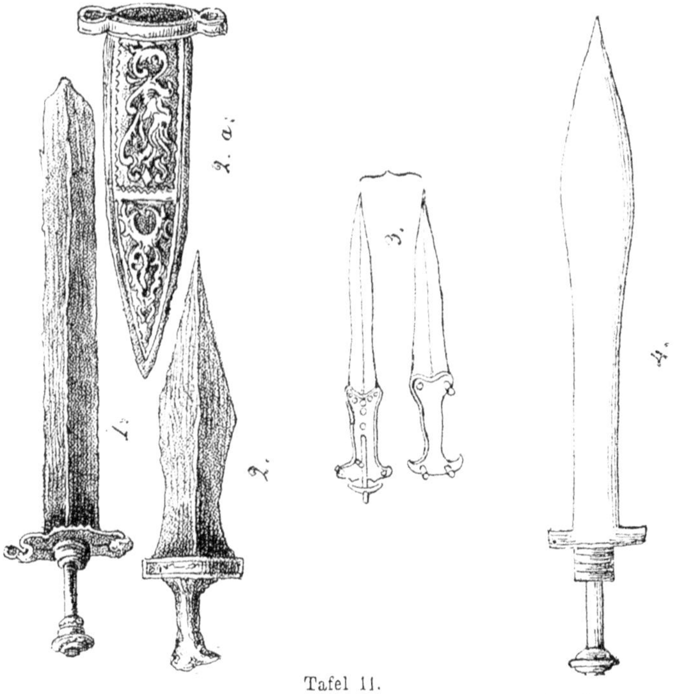

Tafel 11.
1—4 Römische Schwerter nach Jähns, Geschichte des Kriegswesens 2 Parizonium, Gurtschwert. 2*a*. Scheide desselben. 3. Schwerter gemeiner Legionäre

in specifischer Umbildung zum Vorschein gekommen ist, der von dem geometrischen Bronzestyl nur zeitweilig zurückgedrängt war. Freilich ist auch späterer römisch-byzantinischer Einfluss auf diese Stylentwickelung nicht zu verkennen.

Als der „germanischen Eisenperiode" vorausgehend

können wir wenigstens noch zwei Epochen der Eisenverwendung in den Ländern nördlich der Alpen constatiren, eine römisch-italische (Tafel 11) und eine wie es scheint gallische. Die erstere entspricht einigermaassen dem „ersten Eisenalter“ der skandinavischen Archäologen, welche, wie z. B. die berühmten Funde in den Torfmooren der Jütischen Halbinsel, sich von römischen Elementen beeinflusst und durchsetzt zeigen. Es sind Mischformen eigentlich römischer und barbarisirt-römischer Technik, wie wir sie in allen Ländern, die entfernteren oder näheren Einfluss römischer Herrschaft erfuhren, z. B. auch in Ungarn, aber auch bis an die äussersten Nordostgrenzen Deutschlands antreffen.

Die andere von der „germanischen Eisenperiode“ sich ebenfalls scharf abtrennende Stylgruppe mit fast ausschliesslicher Verwendung des Eisens könnte im Gegensatz zu jener als „gallisch-keltischer Eisenstyl“ bezeichnet werden, wenn es nicht noch immer vorzuziehen wäre, an der herkömmlichen Bezeichnung la Tène-Typus (Tafel 12) festzuhalten. Der Name stammt von dem ersten gut beobachteten Fundort im Neuenburger See im Pfahlbau von la Tène. Der Typus wird hauptsächlich charakterisirt durch lange, vortrefflich geschmiedete Schwerter in verzierten Eisenscheiden, durch bronzene und eiserne Fibeln mit rücklaufender, meist als Knopf gestalteter Endigung (Tafel 13), gläserne Armringe, bronzene Gürtelhacken, sog. Hackenfibeln und einen aus einem bandförmigen Eisenblechstreifen gebogenen Schildbuckel. (Tafel 12, Fig 10).

Die Waffen dieser Gruppe bestehen aus weichem Eisen und sind nach F. Keller*) wahre Meisterstücke der Waffenschmiedekunst, bei deren Herstellung hauptsächlich der Hammer und keine Feile thätig war und die Politur der glatten glänzenden Stellen durch Anwendung von Schabe- und Schleifwerkzeugen erlangt wurde. Die Schwerter scheinen aus grösseren Werkstätten oder Fabriken hervorgegangen zu sein, wofür verschiedene auf den Schwertklingen angebrachte Fabrikmarken sprechen (Tafel 12, Fig. 5). Die Verzierungen mit eingelegten Gold- und Silberstreifen, welche auf den Schmucksachen der „ger-

*) a. a. O. Bd. XV. Heft 7.

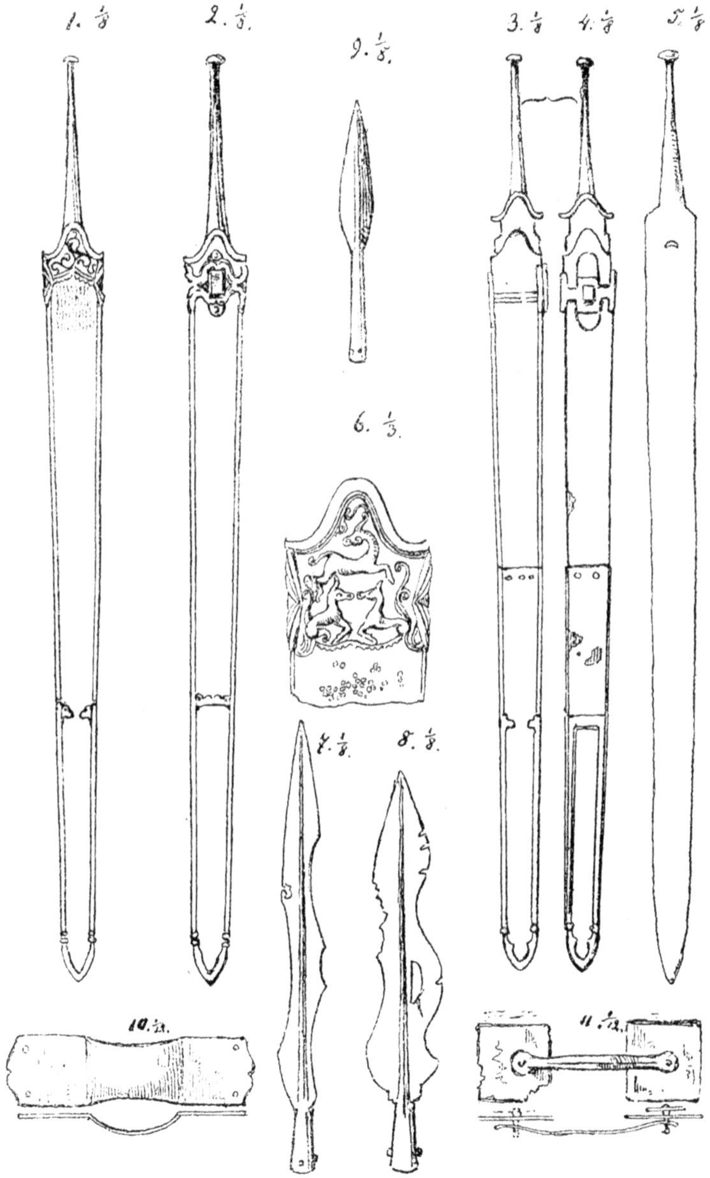

Tafel 12.

Eisenwaffen aus à la Tène bei Marin im Neuenburger See nach F. Keller.

1. und 2. **Schwert in der Scheide von der Vorder- und Rückseite.** 3 und 4 ebenso. 5. Schwert ohne Scheide mit Fabrikzeichen.
6. Scheidenverzierung. 7. 8. 9. Speereisen. 10. Schildbuckel. 11. Innerer Schildbeschlag.

manischen Eisenperiode" so vielfach auftreten, fehlen in der la Tène-Gruppe. Die Ornament-Motive der Schwertscheiden erinnern auffallend an jene der gallischen Münzen. So treten z. B. auf einer Schwertscheide auf einem punktirten Grunde in schwachem Relief drei phantastische, rehartige, im Lauf begriffene Thiere hervor (Tafel 12, Fig. 6), deren Extremitäten, Hörner, Maul, Schwanz, Füsse in Pflanzenranken auslaufen, wie sich ähnliche Abbildungen namentlich unter den irischen und angelsächsischen Miniaturmalereien finden.

Unter den sehr verschiedengestaltigen auf das kunstvollste geschmiedeten Speerspitzen fallen namentlich einige Speerblätter durch absichtliche, kreissegmentähnliche Aus- und Abschnitte theils am Rande des Blattes, theils im Innern desselben auf. (Tafel 12, Fig. 7, 8.)

Die Fibeln der la Tène-Gruppe (Tafel 13) sind zwar in der Grösse sehr verschieden, aber, wie schon oben bemerkt, der Form nach relativ wenig von einander abweichend. Sie bestehen oft aus einem Stück eines ungefähr in die Form einer 8 zusammengebogenen Drahts. An der einen Seite ist der letztere, um der Nadel Federkraft zu geben, in eine Spirale aufgewunden, an der anderen Seite platt geschlagen und zur Aufnahme des einen Drahtendes, des Dorns, in eine offene Dülle umgebogen. Das andere Ende des Drahts umschliesst rücklaufend, um dem Ganzen grössere Festigkeit zu verleihen, in einfachster Form das Mittelstück vermittels eines Hackens oder ist, bei reicherer Ausstattung, mit einem Ring an den Berührungspunkt befestigt. Dieses Endstück ist bald durch Einschnitte, bald durch perlen- oder ringartige Erhöhungen verziert.

Für die ethnische Herkunft dieser prächtigen Eisengeräthe ist in erster Linie die Auffindung einer Menge analoger Waffen bei der Ausgrabung der Festungsgräben von Alesia (jetzt Alise-Sainte-Reine) wichtig. Nach der Meinung F. Keller's und anderer Archäologen gingen diese Schwerter bei der Belagerung dieses Ortes, von welcher Cäsar im Gallischen Kriege berichtet, verloren, und sind daher als gallisch-keltische Waffen anzuerkennen. Übrigens sind die gleichen Formen, wenn auch relativ seltener, doch über Deutschland und auch in Österreich verbreitet.

Die Eisenwaffen der la Tène-Gruppe ebenso wie jene des germanischen Eisentypus wurden gegen die Heere der Römer von den besiegten und siegenden gallischen und germanischen

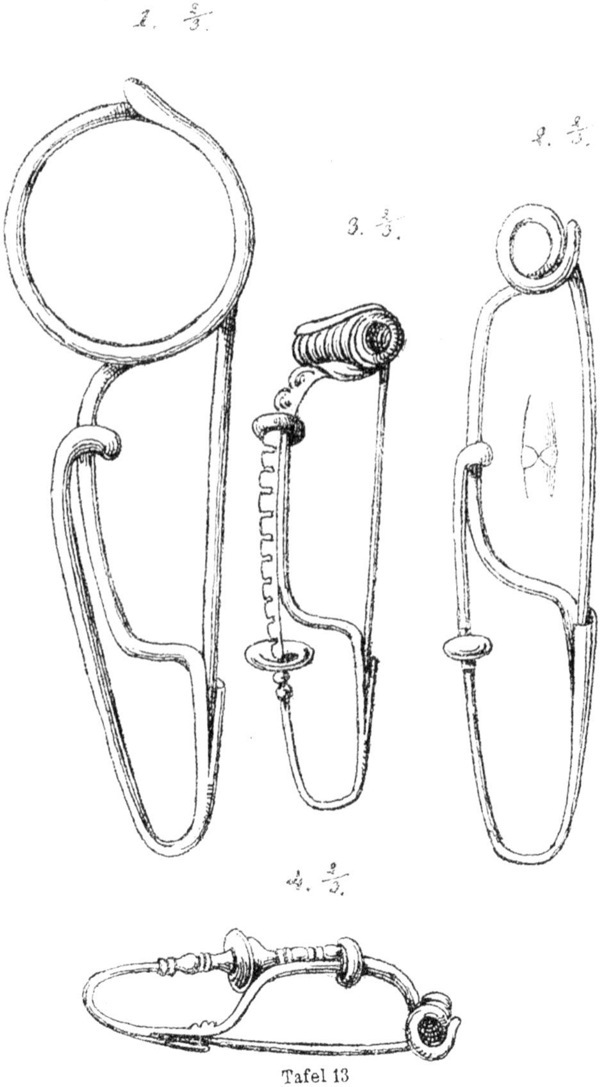

Tafel 13

1—4 Gewandnadeln, Fibeln aus à la Tène bei Marin nach F. Keller.

Stämmen geschwungen. Aber es ist wahrscheinlich, dass die Römer bei ihrem ersten Zusammentreffen mit den Alpenbewohnern der uns vorzüglich interessirenden Gegenden, diese wenigstens zum Theil noch mit ehernen Waffen gerüstet gefunden haben.

Man hat vielfach Verwunderung darüber ausgedrückt, dass die Schriftsteller des Alterthums über den Gebrauch eherner Waffen bei den nördlichen Völkern keinerlei Andeutung geben. Darnach könnte es scheinen, als hätte die Benutzung eiserner Waffen zur Zeit der Römerkriege, sowohl in den Alpen als in den nördlichen Alpenvorländern im allgemeinen die Bronzewaffen schon verdrängt gehabt. Aber doch liegt uns gerade aus den Alpenländern eine bisher wenig gekannte Bemerkung aus der Zeit des Augustus vor, welche berichtet, dass noch damals sich wenigstens die Bewohner der westlichen Alpenländer, die Ligurer, der Bronzewaffen bedient haben.

Wir finden die betreffende Stelle bei Strabo (IV. Buch, Cap. 6); sie ist auch so charakteristisch für den Verkehr des römischen Culturvolks mit den Alpenbewohnern, dass wir sie hier im ganzen hersetzen wollen.

Die ganze Küste vom Hafen des Monökus (Monaco) bis nach Tyrrhenien läuft gerade fort, ohne Hafen ausser einigen Buchten und Ankerplätzen. Abschüssige Felsen drängen sich von den Bergen her, und lassen nur einen schmalen Weg am Meere. Hier wohnen die Ligurer, die sich grösstentheils von Heerden, von Milch und Gerstentrank nähren, in den Gegenden am Meere und noch mehr auf den Bergen. Die dortigen Wälder liefern viel Schiffbauholz und haben so grosse Bäume, dass man bei einigen einen Durchmesser von 8 Fuss gefunden hat. Manches Holz ist wegen seiner schönen Maser zu Tischlerarbeiten so brauchbar als das Cedernholz. Dieses bringen sie nach ihrem Handelsplatz Genua, ausserdem Vieh, Häute und Honig und nehmen dagegen Oel und Wein aus Italien. Hier sind auch jene als gegenische benannten Pferde und Maulesel zu Hause; ferner die ligurischen Röcke und Mäntel; bei ihnen findet sich auch das Lingurium im Ueberfluss, das Einige Electrum, Bernstein nennen. Sie dienen nicht gern zu Pferd, dagegen sind sie gute schwer- und leichtbewaffnete Fusssoldaten. Desswegen, weil sie **eherne Spitzen** an ihren Lanzen haben, hat man beweisen wollen, dass sie **Griechen** seien.

Strabo, welcher seine Geographie etwa um die Zeit von Christi Geburt geschrieben hat — er lebte zur Zeit des Pompejus, Cicero und Julius Cäsar, und erlebte noch die Regierung des Augustus und Tiberius, und scheint ein Alter von gegen 90 Jahren erreicht zu haben — findet die Benützung eherner Waffen zwar erwähnungswerth, aber immerhin nur bei „Barbaren“, da seiner Darstellung nach die Verwendung der Bronze zu Waffen von Seite der griechischen Stämme, von welcher ja auch Hesiod und Homer berichten, eine allbekannte Thatsache war, und offenbar von den griechischen Ansiedelungen an der ganzen Mittelmeerküste und im Innern des Landes als ehrwürdiges Andenken an das Mutterland lange, vielleicht länger als in diesem selbst, festgehalten wurde. Die Ligurer schildert Strabo als ein reges Handelsvolk, sie handeln nicht nur mit ihren eigenen Landesprodukten, sondern auch mit Bernstein, den sie wohl von den nordischen Bernsteinküsten beziehen mussten, da er „im Überfluss“ sich in ihrem Lande damals ebenso wenig wie heute fand. Hier treffen wir also Erz und Bernstein, die beiden Hauptfactoren der Culturentwickelung der nordgermanischen Küsten neben einander erwähnt, und wir glauben zu erkennen, dass den Alpenvölkern (speciell den Ligurern) ein Antheil an dem Zwischenhandel zwischen dem Mittelmeer und den germanischen Küstenvölkern zukam.

Aus Strabo ersehen wir auch an vielen Stellen, welche Handelswaare den „barbarischen“ Stämmen von Seite der Mittelmeervölker zugebracht worden ist. Bei der hochwichtigen Frage nach der Herkunft des Zinn's für die antike Bronze kommen vor allem die bekannten und vielbesprochenen Kassiteriden, die Zinninseln in Betracht. Strabo schildert die Einwohner derselben als schwarz gekleidet mit Gewändern, welche bis auf den Boden reichen, einen Gürtel um die Brust mit Stäben in den Händen „wie die Furien im Trauerspiel“. Ganz so sind die Kleider, welche man aus der Bronzeperiode Skandinaviens z. B. aus jenen berühmten Grabfunden im Grossen und Kleinen Kongehoi gehoben hat. Strabo fährt fort: Sie leben meistens nomadisch von Viehzucht. Für die Metalle, die sie haben,

Zinn und Blei, und für die Häute tauschen sie von den Kaufleuten Töpfergeschirre, Salz und eherne Waare ein. Die mittelländischen Erzfabrikate gingen mit feiner Töpferwaare also sogar zu den Zinninseln und wir hören hier ausdrücklich, dass sie ein gesuchter Exportartikel waren.

Unter den Völkern im deutschen und österreichischen Alpengebiet hatte sich zur Zeit der Besitznahme dieser Länder durch die Römer offenbar schon ein beachtenswerther Grad von Cultur verbreitet und namentlich wird Ausübung von Bergbau erwähnt.

Die bisherigen Resultate der vorgeschichtlichen Forschung geben uns ein immerhin farbenreiches Bild, aus welchem wir erkennen, wie ungerechtfertigt es wäre, sich unsere Alpenvölker als „rohe Wilde" vorzustellen.

Der Gang der Culturfortschritte entspricht ziemlich genau jenem, welchen uns nach den Pfahlbauuntersuchungen F. Keller von den Bewohnern der Schweiz entwirft.

Nach den primitiven Anfängen der Steincultur, wie wir sie bei den ältesten Höhlenbewohnern ausgeprägt finden, folgt die Culturperiode der Pfahlbauten auch an den Alpenseen Deutschlands und Österreichs und macht eine analoge Entwickelung durch wie in der Schweiz. Was dort über den Jagd- und Fischereibetrieb, über Viehzucht und Ackerbau, die Grundlagen eines socialen Lebens der Bewohner der Seedörfer gesagt wurde, gilt, mit den entsprechenden lokalen Abweichungen, auch für unser Forschungsgebiet. Es sprechen viele Thatsachen dafür, dass der uralte Bergbau in den Alpen auf Salz, Kupfer und Eisen, dass die vielfach aufgefundenen Stätten der Eisen- und Kupferschmelzen, die prähistorischen Höhlen-Metallwerkstätten der Eisen-, Kupfer- und Erzschmiede, die Anlage der grossen Gräberfelder z. B. bei Hallstatt und an anderen Orten, welche eine dichte Bewohnung auch auf dem festen Lande voraussetzen lassen, bis in die Zeit herabreichen, als die Ufer der Seen in den deutschen und österreichischen Alpenvorländern mit zahlreichen dichtbewohnten Seedörfern, auf Pfahlrosten stehend, besiedelt waren.

Die prähistorischen Forschungs-Ergebnisse eröffnen trotz ihrer Lückenhaftigkeit schon jetzt ein überraschendes Bild uralter Betriebsamkeit in dieser der Culturentwicklung scheinbar so feindseligen Hochgebirgswelt. Namentlich den Salzbergbau sehen wir in Hallstatt und Hallein Quelle des Reichthums für die Bevölkerung werden, ebenso lieferten die zahlreichen Kupferbergwerke in den abgelegensten Winkeln des Hochgebirges ein für jene Zeit sehr kostbares Produkt. Dazu kommt der Goldreichthum des Landes. Ausser den Goldwäschen bei dem alten Noreja finden wir im Bereich des Hochgebirges die einst sehr ergiebigen Goldgruben im Gasteiner und Rauriser Thal. An vielen Orten blühte sonach bergmännische Betriebsamkeit unter den Händen der einheimischen vorrömischen Bevölkerung. Wo sich eine Salzquelle, eine Erzader zeigt, sagt Much, finden sich sofort fleissige Leute ein, aus dem Born des Wohlstandes zu schöpfen; tief in das pfadlose Waldgebirge, in die wildesten Felskare und bis an den Rand der ewigen Gletscher dringen sie in emsiger Arbeit vor. Kein Volk flüchtiger Wilder oder in Schmutz und Armuth lebender Hirten lernen wir hier kennen, sondern eine emsige, Bergbau treibende Bevölkerung, die durch ihre Betriebsamkeit für sich einen nicht geringen Grad allgemeinen Wohlstandes und damit zugleich der Cultur eine Stätte bereitet hatte. Schon die prunkenden Waffen und der reiche blendende Schmuck zeugen von dem freudigen Gedeihen und dem Aufblühen des Landes und seiner Bewohner, bis die Römer die schönen Anfänge vernichteten und ein Wiederaufblühen unter ihrer eisernen Hand auf Jahrhunderte hinaus unmöglich machten.

An dem Beispiel der Salassier sehen wir, in welcher Weise die Römer im Gebirge regierten. Die Salassier, in einem tiefen, rings von hohen Bergen eingeschlossenen Thal lebend, durch welches eine Hauptstrasse von Italien über die Alpen führte, besassen ergiebige Goldbergwerke. Strabo berichtet uns, dass mit der Herrschaft der Römer die Salassier ihre Goldbergwerke verloren, darüber aber in beständigem Streit mit den Staatspächtern, wegen der Habsucht der letzteren, lebten. „So fanden die römischen Statthalter, welche in diese Gegend geschickt wurden, immer einen Vorwand, um sie zu bekriegen. Zuletzt besiegte sie Augustus gänzlich und verkaufte sie Alle in Eporedia, einer römischen Kolonie, als Sklaven an die Meistbietenden. Diese Stadt war zum Schutz gegen die Salassier angelegt worden, konnte ihnen aber nur geringen Widerstand leisten, bis das Volk gänzlich verschwand. Es waren im Ganzen sechsunddreissig tausend Seelen, nebst sechstausend waffenfähigen Männern, die alle von Terentius Varro, dem römischen Feldherrn, der sie besiegt hatte, an den Meistbietenden verkauft wurden. Jetzt lebt die ganze Umgegend bis zu den höchsten Bergspitzen im Frieden!"

So brachen sich mit harter Faust die Römer Bahn in und durch das Gebirge. Die Stämme der Gebirgsbewohner „sind nun", fährt Strabo fort, „theils vertilgt, theils gänzlich bezähmt, so dass der Übergänge über das Gebirge, deren es früher nur wenige und höchst beschwerliche gab, jetzt zahlreiche sind, vor Überfällen sicher und mit Hülfe der Kunst des Wegbaus gut zu gebrauchen. Der Kaiser Augustus verband nämlich mit der Vertilgung der Räuber auch die Gangbarmachung der Wege, so viel möglich war, denn die Natur lässt sich nicht überall besiegen."

Jahrhunderte lang sind die Alpen und die Alpenvorländer, durchschnitten von wohlgepflegten Strassen, geschützt durch Castelle und Standlager, in den Händen der Römer; überall bringen diese römisches Leben mit seinem ausgesprochenen Lebenscomfort in Wohnung und Geräth mit sich. Namentlich an den Sitzen alter einheimischer Industriethätigkeit, auch in sehr abgelegenen Bergwinkeln, wie an dem Salzbergwerk in Hallstatt, finden wir die Überreste römischer Bauten, römischer Gräber u. dergl. Die einst freien Bewohner der Gebirge sind theils zu Sklaven gemacht, theils treten sie nach und nach in den Kreis der römischen Provincialcultur ein.

In der Völkerwanderung im weitesten Sinn, durch den Ansturm und die Besitzergreifung der Länder durch germanische und slavische Stämme, entsteht nach und nach das moderne ethnologische Bild der Alpenbevölkerung, welches wir heute, nach noch vielfachen späteren Wandlungen im einzelnen, wahrnehmen. Aber unter der Decke der neuaufgetragenen Farben ist vielfach das alte Gemälde noch erkennbar, es ist nur übermalt, nicht vollkommen zerstört, und es wird der Forschung gelingen, wenigstens die Umrisse zu reconstruiren.

Kapitel II.

Älteste Spuren der menschlichen Besiedelung in den Ostalpen.

1. Höhlenfunde. Ältere und jüngere Steincultur.

Nirgends sind bisher in Mittel-Europa, wie überhaupt auf keinem Theil der Erde, mit Sicherheit Spuren des Menschen nachgewiesen worden, welche in die Tertiärepoche zurückreichen.

Der Mensch ist nach dem bisherigen Stand der Forschung in Mittel-Europa erst aufgetreten, als jene gewaltigen Eismassen sich in die Hochgebirge zurückzuziehen begannen, welche in der von den Geologen als Glacialepoche, als Eiszeit bezeichneten Periode theils von den Alpen aus vorgeschoben, die Alpenvorländer weithin bedeckten, theils, von den skandinavischen Gebirgen herabsteigend, ganz Norddeutschland in Eisfelder einhüllten, die der Gegend um Berlin und Dresden ein Ansehen gaben, wie es heute die nördlichen Striche Grönlands zeigen.

Auch aus jener Zwischenperiode, welche im Anschluss an das Ende der Tertiärzeit die Absätze des präglacialen Diluviums hervorbrachte, fehlen in unserem Forschungsgebiet noch sichere Beweise von der Anwesenheit des Menschen. Es ist das die der gewaltigen Ausdehnung der Gletscher vorausgehende Zeit des geschichteten Diluviums, in welcher durch mächtige Wasserfluthen Massen von Geröll und Sand aus den Gebirgen und namentlich aus den Alpen nach den Ebenen und in die grösseren damals schon vorhandenen Flussthäler herabgeführt wurden. Dadurch wurde das Vorgebirgsland bis an die Donau weithin mit einer dicken Decke von Geröll überschüttet.

Diese Geröllschichten bilden die Unterlage, über welche sich in der späteren Diluvialzeit die grossen Gletscher und die mit ihnen zusammenhängenden Eisfelder der Glacialepoche hinschoben.

Wir können uns von der Mächtigkeit dieser Eismassen einen Begriff machen, wenn die Untersuchungen ergeben, dass damals z. B. das ganze Innthal mit einer mehrere tausend Fuss hohen Eismasse ausgefüllt war, die in mächtigen Gletscherströmen die niedrigeren Pässe der Voralpen überschritt, um sich von da aus über die Ebene zu ergiessen. Die Endmoränen dieser das Alpenvorland weithin unter eine Eisdecke hüllenden Gletscher, die sonstigen charakteristischen Erscheinungen der Glacialgebilde haben sich in vielen Theilen des Alpenvorlandes mit Sicherheit nachweisen lassen. So fand Zittel in nächster Nähe von München bei Schäftlarn im Isarthal den einstigen Gletscherboden, aus diluvialer Nagelflue bestehend, von dem darüber hinweggleitenden Eisstrom geglättet und mit jenen aus den Hochalpen bekannten zahllosen Parallelkritzen und Schrammen bedeckt, welche die Gletschergeschiebe auf dem Felsboden, von dem der Gletscher zurückgewichen ist, zu hinterlassen pflegen.

Eingebettet in Niederschläge der Eiszeit finden sich im Alpenvorland relativ zahlreich die Reste jener einst über das ganze nördliche und mittlere Europa verbreiteten charakteristischen Glacialfauna, aus Thierformen zusammengesetzt, welche jetzt theils ausgestorben oder nach den Polargegenden und in das Hochgebirge zurückgewichen sind, theilweise aber noch bis heute ihre damaligen Wohnplätze behaupten. Am wichtigsten und bekanntesten sind unter diesen charakteristischen diluvialen Thieren der Mammuth (*Elephas primigenius* und *Elephas antiquus*) (Tafel 14), das *Rhinoceros* (namentlich *Rhinoceros tichorhinus*; einen etwas südlicheren Verbreitungsbezirk hatten wie es scheint die beiden anderen diluvialen Arten *Rh. leptorhinus* und *Rh. Merkii*), das Rennthier (*Tarandus rangifer*), das Pferd (*Equus spelaeus*), der Riesenhirsch (*Megaceros hibernicus*), das Elenthier, der Elch (*Cervus alces*), der Edelhirsch (*Cervus elaphus*), dann neben den gewaltigen Ochsenarten des Büffel, Bison, Wisent (*Bison europaeus*) und

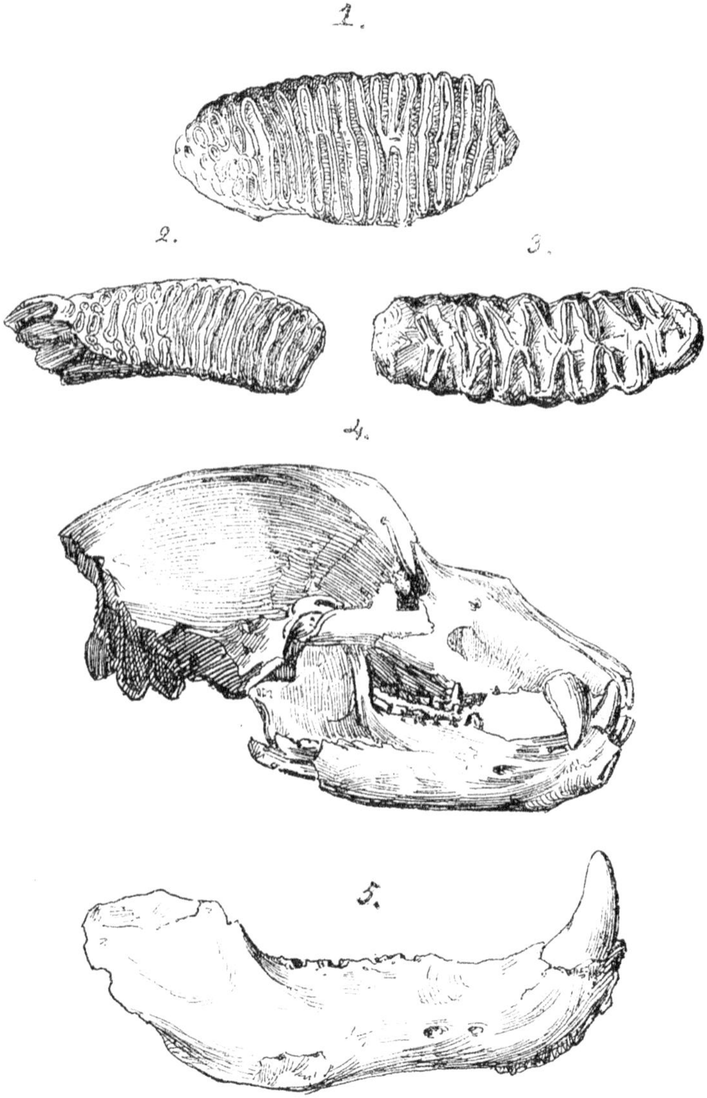

Tafel 14.

1. Backenzahn des *Elephas antiquus.* 2 Backenzahn des Mammuth, *Elephas primigenius.* 3. Backenzahn des *Elephas africanus.* 4. Kopf des Hohlenbären. 5. Unterkiefer des Hohlenbären als Haubeil der Hohlenmenschen.

des Ur oder Urochsen (*Bos primigenius*) der schafähnliche kleine, heute nur noch auf einen polaren Verbreitungsbezirk angewiesene Moschusochse (*Ovibos moschatus*), ausserdem Steinbock (*Capra ibex*) und Gemse (*Capella rupicapra*). Die Reste der gewaltigen Raubthiere der Diluvial-Epoche: des Höhlenbären (*Ursus spelaeus*) (Tafel 14), des Höhlenlöwen (*Felis spelaea*) und der Höhlenhyäne (*Hyaena spelaea*) mit Vielfrass (*Gulo europaeus*), Wolf (*Canis lupus*), Fuchs (*Canis vulpes* und *C. lagopus*, der Eisfuchs, die sich namentlich in den Höhlen des fränkischen Jura u. a. v. a. O. mit den obengenannten Thierformen häufig gefunden haben, sind bis jetzt in dem Alpendiluvium selten nachgewiesen worden. Eine besondere Beachtung verdienen hier die Reste kleiner Nagethiere und Vögel, die sich vielfach in Höhlen finden.

Die prähistorischen Forschungen haben mit aller Sicherheit ergeben, dass in Mittel-Europa der Mensch an verschiedenen Stellen mit der Diluvialfauna zusammen gelebt, sie bekämpft und getödtet, von ihrem Fleisch gegessen, ihre Röhrenknochen gespalten hat, um das als Nahrung hochgeschätzte Knochenmark zu gewinnen.

Bis jetzt ist die Verbreitung der Diluvialfauna im eigentlichen Alpengebiet noch in sehr geringer Ausdehnung erforscht, die Gleichzeitigkeit des Menschen mit diesen Giganten der Vorzeit ist hier noch nicht nachgewiesen.

Schon an dieser Stelle, an der äussersten Grenze der Menschenepoche hat daher die anthropologische Forschung im Alpengebiet einzusetzen. Aus dem Boden, aus Höhlen, Mooren und Brüchen sind diese wissenschaftlichen Schätze aus der ältesten Vorzeit, in welche der Mensch hereinragt, zu heben. Sie offenbaren sich nicht dem Auge des flüchtig Vorüberreisenden. Hier gilt es zu fragen, zu erkunden. Die Landleute kennen im Allgemeinen die Knochen der Hausthiere und der gewöhnlichen Jagdthiere sehr genau. Man hat danach zu forschen, ob bei neuen Feld- und Wegbauten, beim Torfgraben und Roden von Bäumen, in Sand- und Kiesgruben, überhaupt bei allen Arbeiten, wobei tiefer in den Boden eingedrungen wird, unbekannte oder vielleicht menschliche Knochen gefunden wurden. Dann beginnt die eigene Untersuchung ob an dem

Ort, an welchem solche Knochen zu Tage gebracht worden, noch mehrere liegen, ob irgend etwas, etwa ein Geräth irgend welcher Art, oder nur Kohle, Topfscherben etc. auf die einstige Anwesenheit des Menschen an dieser Stelle hindeuten. Dann wäre die Beschaffenheit des Bodens, in welchem der Fund gemacht wurde, festzustellen, sowie die der darüber gelagerten Schichten, die Mächtigkeit der einzelnen Erdlagen, die Tiefe der Fundstelle zu bestimmen.

Aber vor allem kommt es darauf an, die Fundobjecte selbst zu sammeln und für eine wissenschaftliche Bestimmung zu conserviren. Namentlich darf dem Sammler Nichts zu gering erscheinen, was etwa neben den Resten diluvialer Thiere auf den Menschen hinweisen könnte; jedes Kohlenstückchen, jeder, auch der unscheinbarste Scherben, jedes kleinste möglicherweise von Menschenhand zugeschlagene Steinstückchen fordert Beachtung und kann dem Fund einen unberechenbaren Werth verleihen.

Aus den bisherigen urgeschichtlichen Beobachtungen geht hervor, dass der Mensch, als er in Mittel-Europa das Jagdgebiet mit den diluvialen Thieren theilte, als Wohnstätten mit Vorliebe Höhlen und Felsengrotten benutzte, von denen er mittels angezündeter Feuer die Raubthiere, welche vor ihm ihre Lagerstätte hier aufzuschlagen pflegten, fernzuhalten gelernt hatte. In den Höhlen haben wir die bisher ältesten Spuren des Menschen in Deutschland und Österreich gefunden, aus einer Zeit stammend, in welcher noch das Mammuth neben dem Rennthier und dem Urochsen die Jagdthiere waren, von denen sich die Menschen wie die Höhlenbären und die anderen diluvialen Raubthiere nährten. Die Höhlenforschungen waren für unsere Kenntnisse über den diluvialen Menschen wichtige Ausgangspunkte, sie haben bisher die gesichertsten Ergebnisse über die älteste Bewohnung Europas durch den Menschen geliefert. Aber fast ausschliesslich beschränken sich bisher unsere Beobachtungen auf die nicht alpinen Höhlengebiete. Dort bildet die Untersuchung der Höhlen, die Ausbeutung ihrer Schätze, wie z. B. in dem bairisch-fränkischen Jura, in der sogenannten fränkischen Schweiz, seit dem Ende des vorigen Jahrhunderts einen von den Anwohnern geübten

Industriezweig, der namentlich durch die zahlreichen zum Theil in grossen Massen in den Höhlen sich findenden diluvialen Thierknochen ein lohnender wird. An diese Grabungen nach fossilen Thierknochen schlossen sich in neuester Zeit, seitdem sich die Aufmerksamkeit diesen Verhältnissen allgemeiner zugewendet hatte, auch sorgfältige Ausgrabungen an, speciell zum Zweck unternommen, vorgeschichtliche Reste der einstigen menschlichen Bewohnung aufzudecken. Am besten pflegen solche menschliche Überbleibsel ebenso wie die diluvialen Knochen erhalten zu sein, wenn sie in ein Lager fetten, feuchten Thons eingebettet noch von einer zusammenhängenden Kalksinterschicht gedeckt werden. Die Knochen und aus Knochen geschnitzten Werkzeuge kommen aus solchem Bett, in dem sie seit Jahrtausenden gelegen haben mögen, oft in einem wunderbar frischen Erhaltungszustand hervor.

Aber keineswegs ist die Kalksinterdecke ein absolutes Erforderniss der Conservirung animalischer Stoffe. Es genügt dazu jede halbfeuchte lehmige Erdschichte. Auch im trockenen Boden und im Geröll können sich urgeschichtliche Reste, wenn auch zum Theil nicht in dem gleichen Zustand der Frische und Festigkeit, aber immerhin so gut erhalten, dass sie für wissenschaftliche Zwecke verwerthbar sind.

Es ist ein altes aber gewiss unbegründetes Vorurtheil, dass nur die Höhlen der eigentlichen Höhlengebiete, wie der Juraformationen, eine anthropologische Ausbeute versprechen. Auch in diesen Höhlengegenden fanden sich die reichsten anthropologischen Fundstellen, nicht sowohl in der Tiefe jener unterirdischen Tropfsteindome, welche die staunende Bewunderung des Reisenden erwecken, höchstens in den luftigen Vorhallen derselben, sonst aber in Grotten und kleineren, offeneren Höhlungen oder da, wo ein vorspringender Fels ein schützendes Dach bildet und zwar meist in der Nähe von Quellen und Bächen, die den Höhlenbewohnern Wasser und Fische als Trank und Nahrung darboten. (Tafel 15).

Es kann keinem Zweifel unterliegen, dass sich die bis jetzt noch vollkommen fehlenden Spuren der ältesten, aber wahrscheinlich der Zeit nach späteren Ansiedelungen im Hochgebirge ebenfalls an solchen Orten vorfinden werden, wo Felsen

Tafel 15.

Das Kesslerloch bei Thayingen zwischen Constanz und Schaffhausen, eine der reichsten Höhlenfundstellen der Schweiz.

einen natürlichen Schutz gegen die Unbilden des Wetters gewährten, und wo Wald und Weidegründe für Jagdwild und Forellenbäche anziehende Wohnplätze versprachen für einen Stamm von Fischern und Jägern.

Aber die Augen sind für solche Reste der Vorzeit unter der Alpenbevölkerung noch in keiner Weise geschärft, die Möglichkeit des Gewinns weist sie nicht auf derartige Beobachtungen hin, da den geognostischen Verhältnissen nach grössere Höhlen und namentlich eigentliche Knochenhöhlen im Hochgebirge fehlen müssen. Hier hätte also der Forscher selbst nach den ersten Aufschlüssen zu suchen.

Die Aufgabe des Reisenden würde zunächst in dieser Hinsicht darin bestehen, nach wohnlichen Grotten und Höhlungen zu forschen, welche durch ihre Lage in der Nähe von trinkbarem und fischreichem Wasser und durch Erfüllung der anderen nothwendigen Vorbedingungen zu Erhaltung des Menschen sich zu primitiven Wohnplätzen geeignet erweisen. Bei der Beurtheilung der Wohnlichkeit kommt vor allem die Form der Grotte, die Art ihrer Zugänglichkeit in Betracht. Übrigens konnte constatirt werden, dass Höhlen und Grotten, deren Eingang jetzt hoch und schwer zugänglich über dem Fluss- oder Bachbett liegt, in jener Zeit, als der Mensch mit den diluvialen Thieren die betreffende Gegend bewohnte, noch näher am Wasserspiegel gelegen haben und dass erst im späteren Zeitverlauf das Wasser sein Bett bis zur jetzigen Tiefe eingeschnitten hat.

Es wäre schon eine dankbare Aufgabe, die im angegebenen Sinne „bewohnbaren" Felsengrotten und Höhlen des Hochgebirges auszukunden und durch Einzeichnung in die Generalstabskarten und durch sonstige genaue Angaben über ihre Lage einer wissenschaftlichen Untersuchung zugänglich zu machen. Doch sollte man es nicht unterlassen, sofort schon sichere Anhaltspunkte zu suchen, ob die neu aufgefundene »Felsenwohnung« einmal wirklich vom Menschen bewohnt war oder nicht. Die erste Entscheidung darüber ist keineswegs schwer und erfordert meist nur relativ geringen Aufwand von Zeit und Mühe. Gewöhnlich findet sich in einst bewohnten Höhlen als oberste Schicht des Höhlenbodens Geröll, unter diesem manchmal noch eine Tropfstein- d. h. Kalksinterlage, welche die sogenannte Culturschicht, d. h. jene Erdlage bedeckt, welche mehr oder weniger zahlreich Gegenstände vom Menschen herstammend enthält.

Die wichtigsten Anzeigen von der einstigen Anwesenheit des Menschen sind alterthümliche rohe Topfscherben. Diese Topfscherben entsprechen für den anthropologischen Forscher in Beziehung auf die Urgeschichte den Leitfossilien der Geognosten. Die anthropologische Archäologie ist im Stande, aus kleinsten Scherbenstückchen meist mit unanfechtbarer Gewissheit allgemeine Schlüsse über die historische, resp. vorhistorische Zeitstellung des betreffenden Fundes zu machen.

Die ältesten Topfscherben sind meist mehr oder weniger roh aus freier Hand ohne Verwendung der Töpferscheibe gearbeitet. Die Dicke der Scherben ist meist bedeutend, sie beträgt manchmal 1 cm und noch darüber. Charakteristisch für die alterthümlichste Herstellung der Thongeschirre ist eine Zumischung von Quarzsand oder noch häufiger von kleinsten künstlich — z. B. durch Schrecken der erhitzten Steine in Wasser — hergestellten eckigen Gesteinsfragmentchen von Quarz oder manchmal Feldspath, durch deren Beimischung der mangelhaft geformte und nur schwach gebrannte, dabei aber doch oft grosse Topf eine bedeutendere Widerstandsfähigkeit gegen das Zerbrechen erhielt. Manche der in fränkischen Höhlen gefundenen alterthümlichen Scherben sind jedoch von feinerem Thon hergestellt und, trotzdem dass auch bei ihnen keine Drehscheibe zur Anwendung kam, gut geglättet und oft von ansprechender Form.

Vielfältig sind die Höhlenscherben schwarz, entweder auf der einen oder auf beiden Seiten In mehreren Höhlen namentlich des Donaugebiets hat man Scherben mit Graphit geschwärzter Geschirre gefunden. Gewöhnlich ist aber der schwarze Farbstoff nur Kohle oder Russ und die Scherben brennen sich dann in einem stärkeren Feuer roth. Die Scherben der prähistorischen Zeit sind unglasirt, glasirte Scherben sind Zeichen einer meist vollkommen neuen Periode.

Den Formen nach waren die Höhlengeschirre Töpfe, höhere

und seichtere Schüsseln und Schalen und nach Fraas' Beobachtung wohl auch ganz flache pfannenartige Gefässe.

Häufig war die Wand des Geschirrs mit Ornamenten, diese freilich meist von der allerprimitivsten Natur, geschmückt. (Tafel 16). Es finden sich Schmuck-Eindrücke verschiedener Art mit den Fingerspitzen und Fingernägeln hergestellt, andere Ornamente sind mit Holzstäbchen und, z. B. Ringe, mit Röhrchen aus Knochen, Schilf oder Holz eingedrückt, eingeritzt oder ausgestochen. Sehr gewöhnlich erinnern die Ornamentverzierungen an Flechtwerk oder Gewebe. Nicht selten finden sich bei den besser gearbeiteten Geschirren dieser Art die eingetieften Rinnen- und Linienverzierungen künstlich mit einer weissen kalkartigen Masse, die sich von dem schwarzen Geschirr geschmackvoll abhebt, ausgefüllt. Nach solchen Geschirrtrümmern ist in der Culturschicht vor allem zu forschen, das kleinste Stückchen kann hier schon werthvolle Aufschlüsse ertheilen.

Neben den Geschirresten finden sich in der Culturschichte Kohlen und Asche, durch Feuer geschwärzte Steine, angebrannte und zerbrochene Knochen, oft kunstgerecht aufgeschlagen, um das Mark zu gewinnen. Die ganze Culturschichte zeigt von der Beimischung der Kohle gewöhnlich ein schwärzliches Aussehen.

Ausserordentlich charakteristisch sind unter den Überbleibseln der ältesten Höhlenbewohner von Menschenhand zugeschlagene oder wenigstens zerschlagene Splitter und Bruchstücke von Feuerstein oder einem dem Feuerstein analogen Steinmaterial, z. B Hornstein u. a. (s. Tafel 2).

Die Anwesenheit solcher alten Menschenspuren in einer ehemals bewohnten Höhle gelingt nach Wegräumung des oberflächlichen von der Höhlendecke durch Verwitterung herabgefallenen Gerölls und Schuttes oft schon durch Nachgraben mit einem Handschäufelchen, einem sogenannten Pflanzenstecher oder dem Handbeil; eine grössere Schaufel und Spitzhaue werden für ausgiebigere Nachgrabungen in vielen Fällen aus der Nachbarschaft leicht zu beschaffen sein.

Die Messer zum Schneiden und Schaben, die Hammer und Schlaginstrumente, die Pfeil- und Lanzenspitzen der ältesten

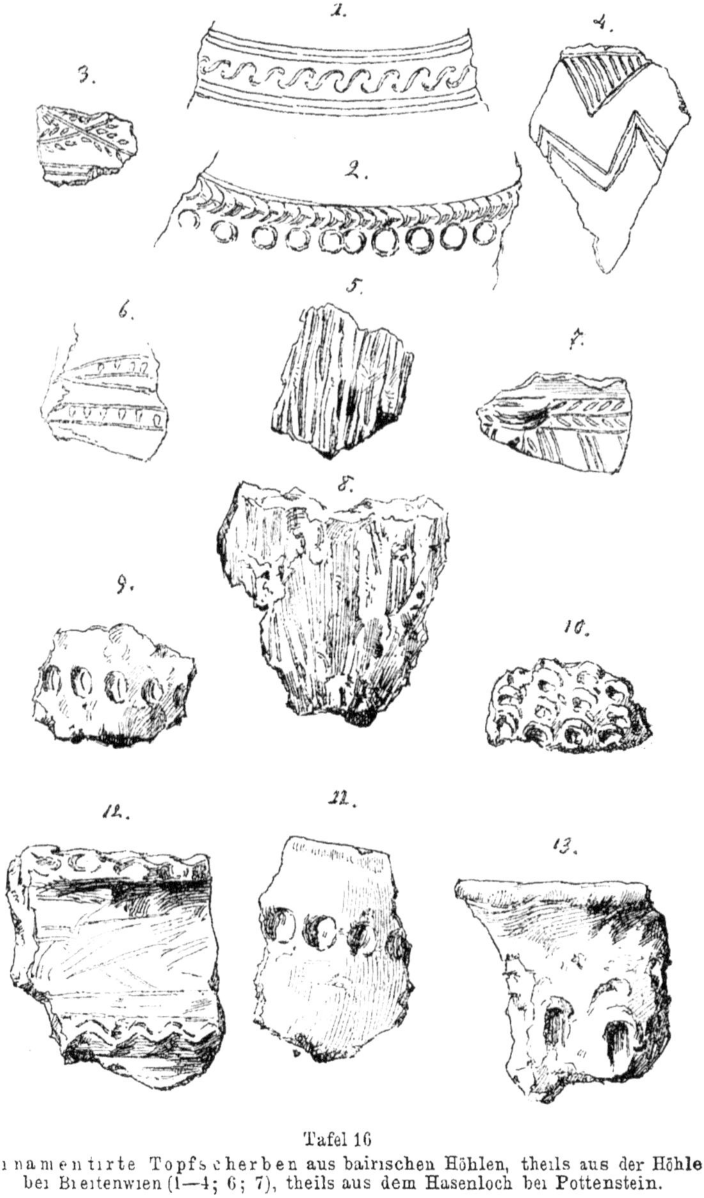

Tafel 16
Ornamentirte Topfscherben aus bairischen Höhlen, theils aus der Höhle bei Breitenwien (1—4; 6; 7), theils aus dem Hasenloch bei Pottenstein.

Höhlenbewohner waren theils aus Knochen und Geweihstücken, namentlich aber aus Stein angefertigt.

Sehr gewöhnlich kommt es aber vor, dass wirklich wohnliche Felsen-Grotten nicht nur von dem Menschen der Steinzeit, sondern auch noch später, manchmal bis in die Gegenwart herein, als Wohn- und Zufluchtsstätten dienen. In der von O. Fraas und Zittel untersuchten Höhle bei Etterzhausen im Naabthal in der Nähe von Regensburg, in der sogenannten Räuberhöhle im Schelmengraben, hatte zur Zeit ihrer durch den Eisenbahnbau veranlassten Untersuchung ein Eisenbahnarbeiter seine Wohnstätte aufgeschlagen und so werden häufig solche uralte Felsenwohnungen noch immer von Hirten und Jägern wenigstens zum gelegentlichen Unterschluf, als Feuer- und Kochstellen benützt. Der Forscher wird dadurch einerseits auf diese wohnlichen Grotten hingewiesen, andererseits ist es aber auch einleuchtend, wie sehr dadurch zur Vorsicht in der Beurtheilung etwaiger Funde gemahnt wird.

Ehe wir eine eingehende Anleitung zur Höhlenausgrabung geben, wollen wir zuerst einen trotz seiner Kürze doch gut abgefassten Bericht des Herrn Hösch über eine der neuesten Ausgrabungen einer Felsenwohnung im fränkischen Jura, in der sogenannten fränkischen Schweiz, zur Orientirung vorausschicken*).

Der Fundort ist ein vorspringender Fels auf einem Bergrücken, 1/4 Stunde nordwestlich von Pottenstein gelegen, von den Anwohnern Fockenstein genannt. Der Vorsprung ist gegen 20 m lang und stellenweise über 5 m breit und liegt gegen Osten. Die Fundstelle zieht sich aber noch 3—4 m über den Vorsprung hinaus**), dort finden sich die meisten Knochen und Werkzeuge. Diese Stelle ist sehr dicht mit Gesträuch bewachsen, durch welches das Graben sehr erschwert wird.

Der lehmige Höhlenboden lässt zwei übereinander gelagerte Culturschichten resp. Brandstätten unterscheiden. Die oberste

---

*) J. Ranke, die Felsenwohnungen der jüngeren Steinzeit in der fränkischen Schweiz. Beiträge zur Anthropologie und Urgeschichte Baierns. Bd. III. Heft 3 4.

**) Es ist das eine sehr gewohnliche und bei Ausgrabungen sehr zu beachtende Erscheinung.

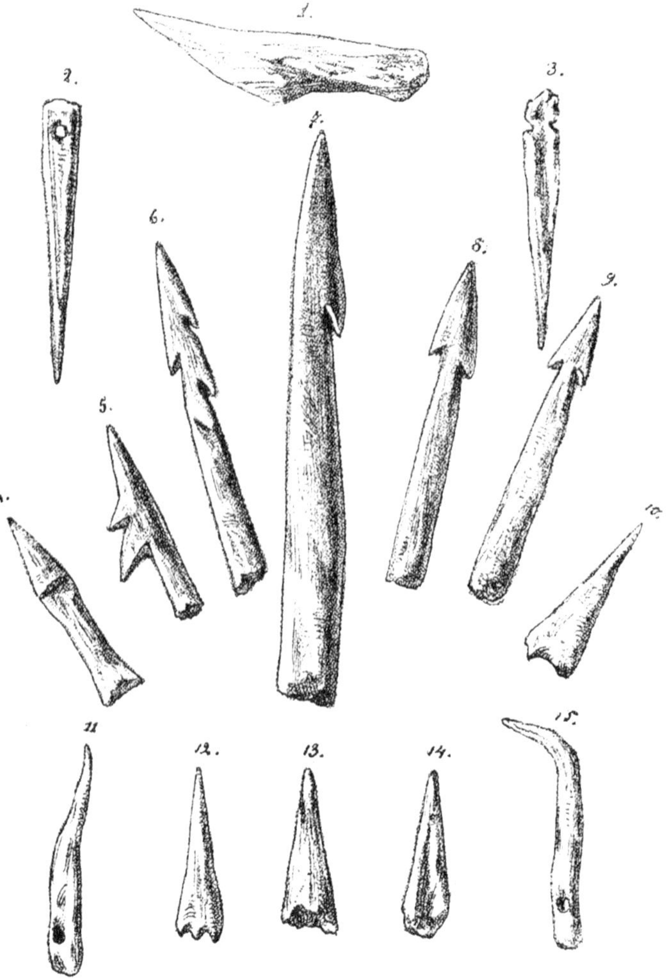

Tafel 17.

Knochenwerkzeuge und Waffen aus dem Fockenstein bei Pottenstein.
1. Lederschneidmesser. 2. 3. Nähnadeln. 11. 15 Grössere Flechtnadeln 7. Häkelnadel oder Harpune. 4 5. 6. 8. 9. 10. 12. 13. 14. Pfeil- und Harpunenspitzen.

jüngere Brandstätte liegt zwischen 20 und 35 cm tief, es fanden sich in derselben viele zerschlagene Knochen, besser und schlechter gebrannte Gefässstücke und einige Eisen- und Bronzegegenstände*). Die Bronze fand sich aber nur an einer Stelle ganz am nördlichen Ende nahe der Felswand. Die zweite ältere Brandstätte, welche erheblich stärker ist als die erste, liegt 40—60 cm unter derselben und zieht sich auch etwas weiter hinaus. In dieser unteren Culturschichte sind die Gefässcherben und Knochenstücke viel reichhaltiger als in der ersten. Die Stein-, Knochen- und Hornwerkzeuge und Waffen lagen durch die ganze zweite Brandstätte zerstreut und meistens ausserhalb des Felsvorsprungs. Dagegen lagen unter diesem die meisten Urnenstücke und auch die Brandschichte, d. h. die durch Kohlen und Asche geschwärzte Schichte, war bedeutend stärker. Von allen Gegenständen lag nur eine Anzahl von Knochen- oder Hornperlen einigermaassen beisammen, und zwar neben einem starken Felsblock. Neuerdings wurde auch ein Grab unter demselben Felsvorsprung gefunden. Der Schädel lag ganz nahe am Felsen in einer kleinen Nische. Die übrigen Knochen des Skelets sind ganz zerbrochen; auch ausserhalb des Felsens fanden sich einzelne Schädel- und Knochenstücke vom Menschen. In der Nähe des Schädels, d. h. im Grabe lag Nichts weiter als eine Lanzenspitze aus einer Hirschgeweihsprosse geschnitzt (Tafel 17, Fig. 9), und zwei einfach ornamentirte Zierplatten, eine viereckig die andere knopfartig rund.

In Beziehung auf die anthropologische Untersuchung von Höhlen wäre etwa folgender systematische Gang einzuschlagen:

Genaue Einzeichnung der neugefundenen Höhle oder wohnlichen Grotte oder des Felsenvorsprungs etc. in eine Karte und genaue Aufschreibungen über ihre Lage, damit sie von spätern Besuchern leicht wieder gefunden werden kann.

Angabe über das Gestein, in welchem sich die Höhle findet.

Untersuchung ob der Eingang oder vielleicht auch das Innere der Höhle künstlich, etwa durch Feuer, erweitert erscheint.

Planaufnahme der Höhle und ihres Eingangs, Ausmessung

*) Theils mittelalterliche Gegenstände, theils Reste aus vorrömischer Zeit.

ihrer Dimensionen, Orientirung der Höhle und ihres Eingangs, Angaben über ihre Zugänglichkeit und der Lage zum nächsten Wasser.

Untersuchung des Höhlenbodens, ob aus nacktem Fels, Erd- oder Lehmschichten bestehend, ob Kalksinterbildungen oder Tropfstein vorhanden ist.

Aufsuchen der Culturschichte. Es ist dabei darauf zu achten, ob die den Höhlenboden bildenden Lehm- oder Erdschichten ihrer ganzen Dicke nach gleichartig sind, oder ob sich verschiedenartige Schichten unterscheiden lassen. Findet sich eine Brandstätte oder Culturschichte mit Kohle, Asche, Topfscherben, zerspaltenen Knochen, Feuersteinsplittern etc., so sind auch die tieferen Erdschichten noch zu untersuchen nach einer oder mehreren tiefer gelegenen Brandstätten oder nach Schichten, die vom Menschen vollkommen ungestört sind, in welchen man in den Höhlen des Jura die Mehrzahl der Knochen der diluvialen Säugethiere (namentlich des Höhlenbär) zu finden pflegt. Es ist sorgfältig darauf zu achten, ob nicht auch in solchen tiefsten Schichten noch Kohlen oder andere Menschenspuren sich erkennen lassen.

Um eine Höhle oder Grotte etc. vollkommen auszugraben, wird zuerst am Eingang ein verticaler Einstich durch die Erdschichten bis auf den gewachsenen Felsen gemacht, sowohl um eine klare Ansicht, einen „Aufschluss" der Schichtenfolge des Höhlenbodens zu gewinnen, als um die Tiefenlage der Culturschichte oder, wenn mehrere vorhanden, dieser übereinander liegenden Culturschichten genau festzustellen. Wenn die Höhle hoch genug ist, um gut darin arbeiten zu können, räumt man die erste horizontale Schichte vollkommen aus, ehe man die nächste berührt, um die in den verschiedenen zeitlich aufeinander folgenden Culturschichten vorhandenen Objecte nicht mit einander zu vermengen. Das ausgegrabene Material muss sofort bei gutem Licht auf etwaige Fundgegenstände genau untersucht werden. Jeder, auch der kleinste Knochen, Feuerstein- oder Topfsplitter, jedes, auch das unkenntlichste und unscheinbarste Metallstück muss sorgfältig aufbewahrt werden. Die Fundgegenstände je einer horizontalen resp. Culturschichte müssen sorgfältig zusammen verpackt und mit genauer Bezeichnung der Fundschichte und ihrer sonstigen Lage in der Höhle versehen werden. Nur wenn die Höhle nicht hoch genug ist, hat man in verticalen Schichten Erde und Lehm bis auf den Fels auszustechen, die Fundgegenstände aber auch hier sofort nach der horizontalen Schichtung zu trennen, zu bezeichnen und zu verpacken. Unter etwaigen Deckschichten von Tropfstein liegen oft die werthvollsten Funde, erstere müssen daher durchschlagen oder gesprengt und dann die untergelagerten Schichten in der eben angegebenen Weise untersucht werden.

Die diluvialen Knochen und Zähne von Thieren, welche die Höhlenausgrabungen liefern, so wie die höchst seltenen und wissenschaftlich unschätzbar werthvollen Skeletreste vom Menschen und die aus Knochen und Geweihstücken geschnitzten Werkzeuge und Waffen zersplittern und zerbröckeln sehr häufig beim Trocknen. Man muss, um das zu vermeiden, derartiges bröckeliges Knochenmaterial sehr allmählich trocken werden lassen und von Zeit zu Zeit mit heisser dünnflüssiger Leimlösung durchtränken. Sehr zerbrechliche Knochen reinigt man zuerst nicht von der umgebenden fester anhaftenden Erde, sondern durchtränkt sie vorher sammt den anhaftenden Erdresten, mit denen sie aus dem Boden genommen wurden, mehrmals mit Leimlösung. Nach dem Trocknen gelingt dann das Herausschälen der Knochen mit geringerer Gefahr des Zerbrechens, doch muss auch dann noch möglichste Vorsicht angewendet werden.

Das Reinigen der Knochen und namentlich der Knochen- und Hornwerkzeuge und angeschnitzten Knochen von trocken anhaftenden Erdresten wird am besten mit einer feinen Bürste, Zahn- oder Nagelburste, vorgenommen, jedenfalls darf unter keinen Umständen mit einem Messer oder anderem scharfen Instrument daran geschabt oder gekratzt werden. Jedes Zeichen, dass in letzterer Weise in moderner Zeit an den alten Knochen mit schneidenden Instrumenten gearbeitet worden sei, macht etwaige Spuren alterthümlicher Bearbeitung verdächtig und ein vielleicht sonst Ausschlag gebendes Object werthlos. —

Die Geweih- und Knochenwerkzeuge und Waffen der alten Höhlenbewohner Mittel-Europas, ihre Töpfereireste und Stein-

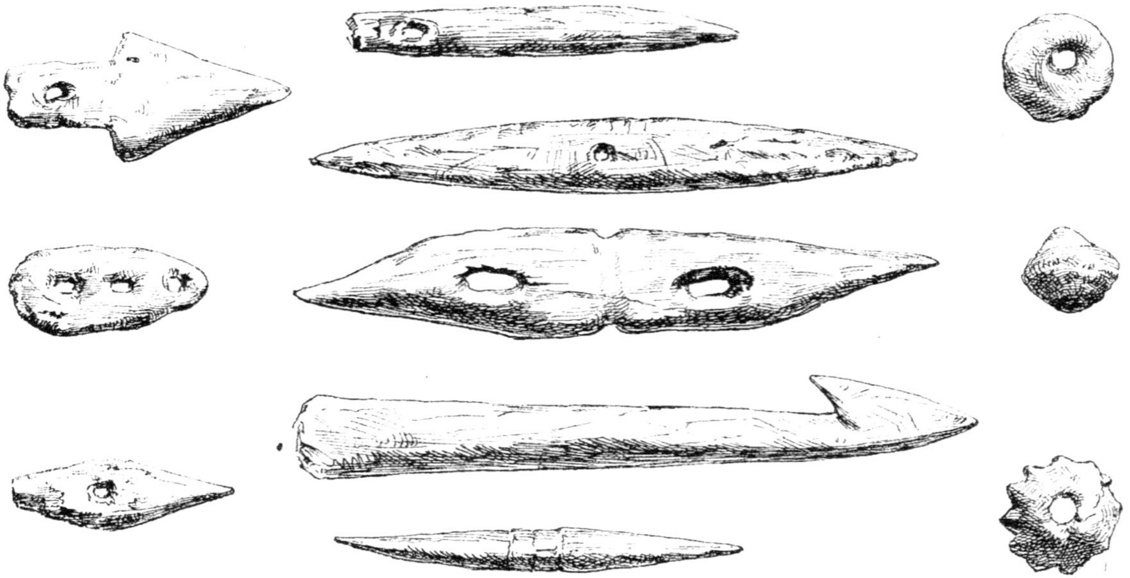

Tafel 18.

Werkzeuge der Höhlenbewohner zum Weben und Spinnen, meist aus Hirschhorn und Knochen geschnitzt, aus dem Fockenstein bei Pottenstein.

Obere Reihe (wie in den folgenden von links nach rechts gezählt):

1. 2. 3. Spinnwirtel. 1 aus Hirschhorn, 2 und 3 aus Thon. Zweite Reihe: 4 breite Flechtnadel. 5. Weberschiffchen. 6. Weberschiffchen. 7. Häkelnadel. 8. Rundes Weberschiffchen. Dritte Reihe: 9. Pfeilförmiges Weberschiffchen. 10. Knochenplatte zum Schnurdrehen dreifach durchbohrt. 11. Kleines Weberschiffchen.

artefacte lassen deutlich einen wenn auch langsamen Fortschritt in der Culturentwickelung dieser unserer ältesten noch halbwilden Vorfahren erkennen. Alles deutet darauf hin, dass in den äusseren Lebensbedingungen ihre Existenz anfänglich etwa jener der heutigen uncivilisirten Bevölkerung Grönlands entsprochen haben mag.

Knöcherne Nadeln mit Öhr, scharfspitzige Pfriemen aus Knochen und Geweihsprossen oder Feuerstein lehren uns, dass die Bewohner derselben die Kunst des Nähens verstanden. Man pflegt anzunehmen, dass ihre Kleidung aus Thierfellen bestand Die vielfach aufgefundenen Schabinstrumente aus Stein und Knochen von analoger Gestalt, wie solche heutigen Tages noch die arktischen Naturvölker zur Fellezubereitung benutzen, scheinen zu beweisen, dass schon eine Art von Gerbeprocess der Häute bekannt war. Aber auch Spinnwirtel, Weberschiffchen, Webegewichte, Häkelnadeln und Nadeln zum Netzestricken (Tafel 18), kamen bei den Höhlenbewohnern vor der Kenntniss der Metalle in Gebrauch, so dass man nicht zweifeln kann, dass sie erlernten, sich in selbstgewebte Stoffe zu kleiden. Schmuckgegenstände primitiver Art, Knochen-, Horn- und Thonperlen, Zierplatten und Zierknöpfe aus Hirschhorn und Knochen, durchbohrte Thierzähne zeugen wie die primitiven Ornamentirungsversuche namentlich an den Thongeschirren von einem Bestreben, das Leben sich möglichst angenehm zu machen. Stücke von Röthel, welche man häufig in den Höhlenwohnungen gefunden hat, deutet man darauf, dass ihre Insassen sich selbst oder ihre Waffen wie andere halbwilde Völker damit zu bemalen pflegten.

Unter allen Objecten einer primitiven Industrie und Technik nehmen aber das höchste Interesse in Anspruch die Steininstrumente und Steinwaffen, welche der ganzen Epoche den archäologischen Namen geben. (Tafel 4, 19, 20.)

In dem feuersteinreichen germanischen Norden findet man in erstaunlich grosser Anzahl in Gräbern und offenen Fundplätzen manchmal in ganzen Werkstätten zusammenliegend bearbeitete Feuersteine und Steingeräthe der neolithischen, jüngeren Steinperiode, welche durch ihre Gestalt ihre einstige Benutzbarkeit zu technischen Zwecken beweisen. Die Äxte und Hämmer, Meissel, Hobel und Sägen aus Feuerstein können noch heute zu den Zwecken dienen, zu welchen sie die Männer der Steinzeit benutzten. Es gelingt, mit Steinäxten Baumstämme von ansehnlicher Dicke zu fällen, sie zuzurichten und v. Schested auf Bornholm, Fühnen, hat mit ausschliesslicher Verwendung von Steingeräth eine Hütte und einfaches Hausgeräth herstellen lassen.

Wir verstehen es, wie sich in jenen Gegenden, welche einen grösseren Reichthum an Feuerstein besitzen, auf Grund des Feuersteins als Culturbasis, ähnlich wie heute auf der Culturbasis des Eisens, jene höhere Culturentwickelung ausbilden konnte, die wir im germanischen Norden als noch im Verlauf der Steinzeit, wenn auch erst nach der Periode des Rennthiers und der diluvialen Säugethiere eingetreten nachweisen können.

An diesen nordischen, der jüngeren Steinperiode zugehörenden Feuerstein-Werkzeugen und -Waffen lässt sich das alterthümliche Princip der Steinbearbeitung sehr vollkommen erkennen. Man verstand es, den Feuersteinknollen durch Zuschlagen die gewünschte passende Gestalt zuerst im Rohen zu geben. Durch kleine nach einem bestimmten System gerichtete Schläge wurde dann das rohe Stück weiter zugerichtet und entweder vollendet oder es wurde demselben z. B. wenn eine Feuersteinaxt hergestellt werden sollte, noch durch Schleifen eine höhere Verwendbarkeit ertheilt. (Tafel 4, Fig. 3. 4. 5.)

Derartige feiner bearbeitete Feuerstein-Instrumente finden sich diesseits der Donau nur in äusserst geringer Anzahl und noch niemals ist, so viel bisher bekannt, ein geschliffenes Feuerstein-Instrument im Süden von Deutschland gefunden worden. Sonst stimmen im Allgemeinen die Feuersteinartefacte unserer Gegenden mit den aus dem Norden bekannten Formen derartiger Objecte überein.

Auch im Norden spielte neben den feiner geschlagenen oder gar geschliffenen Feuerstein-Gegenständen der rohgespaltene Feuersteinsplitter, das Feuersteinmesser (Tafel 2, Fig 1. 2. 3) eine hervorragende Rolle. Diese Form ist es, welche in unseren Gegenden fast alle anderen Formen von Stein-Instrumenten ersetzen musste. Für ihre Herstellung mussten an dem Feuersteinknollen zuerst möglichst glatte Flächen und

Längskanten hergestellt werden. Diese letzteren wurden sodann durch einen einzigen Schlag oder Druck im Ganzen abgesprengt. Dadurch entstanden je nach der Grösse des Stücks von dem sie abgeschlagen wurden — dem Kernstück oder Nucleus (Tafel 2, Fig. 4.) — mehr oder weniger lange, oft etwas auf die Fläche gekrümmte, je nach der Bildung der Kante auf der einen Breitfläche dreiseitige oder mehrseitige, auf der anderen glatte, an beiden Enden spitzzugehende Splitter mit doppelter scharfer Schneide, vortrefflich zum Schneiden und Schnitzen geeignet. Die Elasticität des Feuersteins veranlasst es, dass an der Stelle, an welcher der Schlag zum Absprengen auf die ehemalige Kante des Nucleus geführt wurde, an dem Messer eine wulstige Verdickung, ein Schlagknollen, entsteht, welcher meist als ein gutes Criterium dafür angesehen werden darf, dass der Splitter wirklich durch mechanischen Schlag oder Stoss (was freilich immerhin den Menschen auch nicht absolut nothwendig als Verfertiger voraussetzen lässt) und nicht etwa durch freiwillige zufällige Zersplitterung abgesprengt worden ist. (Tafel 2, Fig. 5).

Einige grössere wohlgeformte derartige Feuerstein- resp. Hornsteinmesser in unseren Gegenden gefunden, beweisen, dass auch hier die Kunst des Messerschlagens bekannt und geübt war und dass die gewöhnliche mangelhafte Ausbildung der Feuersteinklingen nur auf die Geringfügigkeit des zu Gebote stehenden Materials zurückgeführt werden darf.

Übrigens finden sich solche Feuersteinmesserchen, Splitter und Schaber auch in den südlich der Donau gelegenen Höhlen oft in erstaunlicher Masse. In der oben erwähnten Ausgrabung der Höhle am Schelmengraben wurden 2000 relativ besser geschlagene Feuersteinsplitter gesammelt, während dabei die ganz unregelmässigen „Abfälle“ unbeachtet blieben.

Finden sich Feuersteinsplitter in oder in nächster Nähe des Eingangs von Höhlen, so können unter Umständen sie allein schon die einstige Bewohnung durch den Menschen beweisen, namentlich in Gegenden, in denen der Feuerstein selten ist und an den betreffenden Fundplatz von anderen Orten, vielleicht von weit her, gebracht werden musste.

Um die kleinen Feuersteinsplitter zu gefährlicheren Waffen

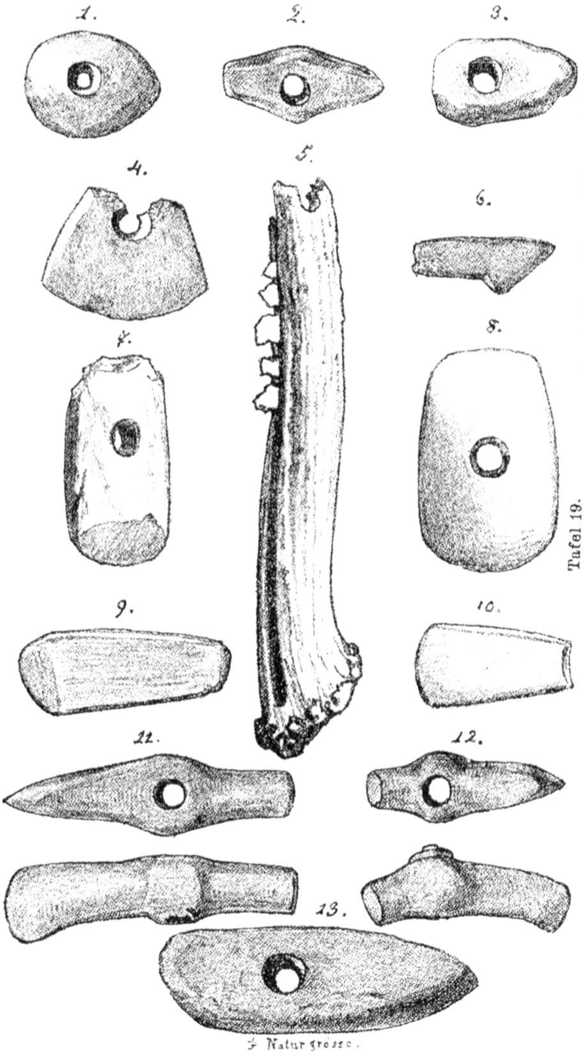

½ Natur grösse.

Tafel 19.

Steingeräthe und Waffen der neolithischen Periode, bis auf 5 nicht aus Feuerstein gearbeitet.
1. 2. 3. 11. 12. 13. nach Lindenschmit. 4. 5. 6. 7. 8. 9. 10 im rechtsrheinischen Baiern gefunden 1 Abgerollter Kiesel aus dem Bremischen. 2. Schwarzer Probirstein gef. bei Ülzen, 3. Thoniger Hornstein gef. bei Aalen. 4. Steinhaue, Ackerbauwerkzeug aus dem Fockenstein bei Pottenstein. 5. Feuersteinschwert (Säge) aus Hirschhorn mit eingesetzter Feuersteinklinge gef bei Aschaffenburg. 6 Lederschneidmesser aus Schiefer aus dem Fockenstein bei Pottenstein. 7. 8. Steinhauen, Ackerbaugeräthe, 7 aus quarzitischem Schiefer gef bei Nördlingen, 8 aus Diabas gef. bei Etterzhausen — Regensburg. 9. Meissel aus chloritischem Schiefer gef. bei Stockstadt am Main. 10. Keil aus Diorit gef. bei Nördlingen. 11. Zwei Ansichten einer Steinaxt aus polirtem Grünstein gef. bei Oldenburg. 12 Zwei Ansichten einer Steinaxt aus Serpentin gef. in der Lippe. 13. Schwerer Steinhammer aus Hornblondeschiefer gef. bei Mainz

zu machen, wurden sie wohl in Form einer zusammengesetzten Steinklinge in dicke Hirschhornstangen eingelassen, wodurch eine Art Steinschwert hergestellt wurde. (Tafel 19, Fig. 5). Im germanischen Norden fanden sich analoge zweischneidige Pfeilspitzen aus Knochen, in welchen kleine Feuersteinspähnchen als Schneide eingesetzt sind (vergl. Tafel 4, Fig. 10.)

Während im germanischen Norden der Feuerstein zur Herstellung der grösseren und vollendeteren Steinwaffen und Instrumente andere Steinarten weit überwiegt, finden wir in unseren Gegenden andere möglichst zähe, harte und schliffannehmende Gesteinsarten zu dem gleichen Zweck verwendet. Die nicht aus Feuerstein bestehenden axtförmigen Instrumente sind theils zur Aufnahme von Stielen durchbohrt, theils sind die undurchbohrten Keile in verschiedener Weise in den Stiel eingelassen. (Tafel 20) Ihre technische Benutzbarkeit blieb jedoch trotz der ähnlichen Formen weit hinter den aus Feuerstein hergestellten zurück.

Als Material zu den Steinwaffen verwendete man in unseren Gegenden mit Vorliebe hornblendehaltiges, etwas schieferiges, grünlich aussehendes Gestein. Die grüne Farbe ist für die geschliffenen Steininstrumente ausserordentlich gewöhnlich und sie scheint es zum Theil gewesen zu sein, welche bei dem Auffinden der passenden Gesteinsart leitete. Sehr schön grün und dabei am härtesten, zähesten und schärfsten sind die Steinäxte aus Nephrit und Jadeit (und einigen analogen Gesteinen), deren Vorkommen in unseren Gebirgen die Mineralogen nicht kennen. Man denkt daher namentlich bei den Nephritbeilen, die sich in einigen Seen der Schweiz zahlreich, an anderen Orten seltener gefunden haben, an eine Einfuhr aus den bekannten asiatischen Fundplätzen dieses dort noch jetzt geschätzten Halbedelsteins.

Die Hauptformen der nicht aus Feuerstein bestehenden geschliffenen Steininstrumente sind die sogenannten undurchbohrten Keile und Meissel, die übrigens in einen Stiel gefasst auch als Äxte und Beile benutzt wurden, dann Hämmer, Äxte, Spitzhauen und Flachhauen mit durchbohrtem Stielloch. In einigen Höhlen des fränkischen Jura fanden sich neben Feuersteinsplittern, Knochenwerkzeugen und Waffen auch derartige geschliffene Steininstrumente vor (Tafel 19, Fig. 4. 6), zum Beweis, dass die Kunst des Steinschleifens in den späteren Stadien der Periode der Höhlenwohnungen bekannt war.

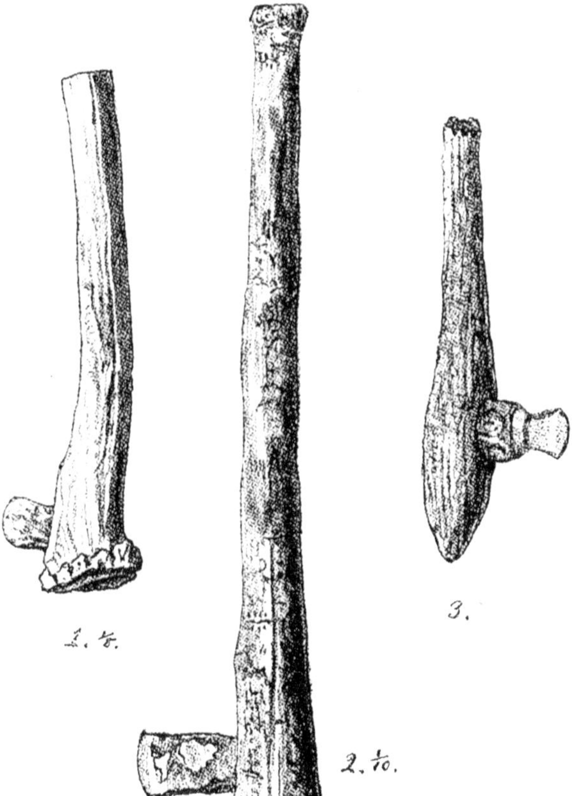

Tafel 20.

Geschaftete Steinbeile.

1. Feuersteinbeil mit Hirschgeweih-Stiel, Fundort Hohes Moor bei Altenwalde, nach S. A. Poppe.

2. Feuersteinbeil mit Holzstiel, Fundort wie bei 1, nach S. A. Poppe.

3. Steinbeil mit doppelter Befestigung in Hirschhorn und Holz wie solche in den schweizerischen Pfahlbauten öfter gefunden wurden

Nach den Bestimmungen Gümbel's*) wurden für 133 Stück in Baiern gefundener Steininstrumente folgende Gesteinsarten benutzt.

		Stuckzahl
1)	Nephrit	3
2)	Eklogit	2
3)	Amphibolschiefer, dichtes Amphibolgestein und Hornblendegneiss	46
4)	Chloritischer Schiefer	17
5)	Diorit und Dioritschiefer	19
6)	Diabas und Diabasschiefer	7
7)	Serpentingestein	15
8)	Topfsteinähnliches Gestein	2
9)	Dichter Thonschiefer	1
10)	Quarzit und quarzitische z. Th. schwarze Schiefer (3) und thoniger Lydit (2)	5
11)	Basalt	7
12)	Sandeisenstein aus dem braunen Jura	1
13)	Bunter Sandstein	1
14)	Thoniges Gestein	1
15)	Wetzsteinschiefer	5
(16)	(Granitisches Gestein an einem „Wetzstein" beobachtet)	1
		133

Die ersten 8 Nummern enthalten die mehr oder weniger grüngefärbten Gesteine und Mineralien, es sind von 133 Stück 111, d. h. über 83%.

Die Höhlen wurden auch in späteren prähistorischen Perioden oft als Grabstätten benutzt, vergl. oben S. 306, wir geben unten die ausserordentlich merkwürdige Entdeckung des Grabes eines Häuptlings in der berühmten Býčiskála-Höhle durch Wankel.

2. Pfahlbauten in Seen.

Hat bisher die Untersuchung von Höhlenwohnungen in dem eigentlichen Alpengebiet noch wenig für die Prähistorie zu ver-

*) J. Ranke, Die vorgeschichtliche Steinzeit im rechtsrheinischen Baiern. Beiträge zur Anthropologie und Urgeschichte Baierns. Bd. III Heft 2

werthende Resultate zu verzeichnen, so ist dies mit einem anderen hochwichtigen Gegenstand anthropologischer Forschung, mit den sogenannten Pfahlbauten anders. Hier sind es fast ausschliesslich die Seen des Alpengebirgs und -Vorlands, welche die wichtigsten Aufschlüsse ertheilt haben.

Die Höhlenuntersuchungen haben uns zu dem Resultat geführt, dass die Urbewohner unserer Gegenden von einem rohen Zustand, in welchem sie sich ausschliesslich von Jagd und Fischfang nährten, fortgeschritten sind zu Viehzucht und zum Ackerbau, und zwar scheint es fast der Leinbau gewesen zu sein, der von den Höhlenbewohnern zuerst geübt wurde. Die Untersuchung stützt sich bei diesen Schlüssen zunächst auf die Funde von Thierknochen, dann auf Funde von Geräthen zur Wolle- und Flachsbereitung und Weberei, endlich von Mühlsteinen u. a. Die in den Höhlen gefundenen Thierknochen sind in dieser Beziehung von der grössten Bedeutung für die archäologische Schlussfolgerung, da wir nur aus ihnen erfahren, welche Thiere, ob diluviale, ob noch heute lebende Jagdthiere oder gar zahme Hausthiere in jenen fernen Zeiten zur Nahrung gedient haben; waren es Hausthiere, z. B. Ziege, Schaf, Haus-Rind, zahmes Schwein, so ist damit der Bestand der Viehzucht für jene Culturperioden erwiesen. In solchen Betrachtungen liegt der Grund, warum mit so peinlicher Genauigkeit bei Höhlenfunden jeder einzelne Knochen, jedes einzelne Knochenfragment gesammelt und zur Untersuchung bewahrt werden muss.

In jener Periode der Halbcultur, als sich der Mensch nach dem Aussterben und dem Rückzug der diluvialen Säugethiere vom Jägerleben zum Leinbau, zum gesammten Ackerbau und zur Viehzucht durcharbeitete, als seine Waffen und Werkzeuge noch aus geschlagenem Feuerstein, daneben aber auch aus wohlgeschliffenem Steinmaterial, sowie aus Knochen und Hirschhorn bestanden, lebte er nicht nur in Höhlen und Grotten, sondern wir finden ihn seine Wohnttätten auch auf dem freien Lande und in ganz eigenthümlichen Anlagen am Seeufer und selbst innerhalb von Seen und Sümpfen anlegen. Die letzteren Wohnanlagen, die Pfahlbauten, standen auf Pfahlrosten, gestützt von zahlreichen Pfählen, welche zu diesem Zweck in den Seegrund, meist nahe am Ufer eingetrieben wurden. Auf Holzverdecken über Wasser standen die primitiven Hütten der alten Seebewohner (Tafel 5). Es lässt sich aus den Resten, welche von der Bewohnung auf den Seegrund gelangten und hier vom Wasser bedeckt sich zum Theil vortrefflich conservirten, nachweisen, dass einige dieser Wohnstätten von der Steinzeit an bis zu historischen (Römer-)Zeiten herab bewohnt waren.

In manchen der Pfahlbauten hat man nur Gegenstände der Steinzeit, in anderen vorwiegend und sehr vollkommen entwickelt Bronzeobjécte, in anderen neben Bronze oder fast ausschliesslich Eisengeräthschaften gefunden.

Die Hütten, welche die Pfahlroste trugen, waren im Viereck gebaut oder rund, theils aus solideren Holzwänden, theils waren die Wände wie die meisten Hütten, deren Spuren auf dem Lande gefunden wurden, aus Reisiggeflecht mit Lehm verstrichen. Durch Feuer hartgebrannte Reste der Lehmwand wurden mehrfach gefunden, und zeigen noch deutlich die Eindrücke der verbrannten Geäste, welche der Wand als Grundlage dienten.

Die Gegenstände, welche aus einem vorhistorischen Pfahlbau gehoben werden, sind vor allem die öfter ausserordentlich zahlreichen Pfähle und die Pfahlroste, auf denen die Ansiedelung im Wasser stand, neben dem, wie eben bemerkt, hartgebrannten Theil der Lehmwände ihrer Hütten. Aller Haushaltabfall fiel in den See unter den Pfahlrost, dessen Dielen keineswegs fest schlossen, und mancher Gegenstand von Werth musste gelegentlich denselben Weg nehmen. (Tafel 21). Auch Knochenreste der Pfahlbaubewohner selbst, zufällig Ertrunkener oder bei einem kriegerischen Überfall Erschlagener, fanden sich.

Die in den klassischen Pfahlbauten der Schweiz gefundenen Objecte sind so mannigfaltig, dass sie uns ein vollkommen klares Bild von dem Culturzustand, von dem Leben und Treiben der Pfahlbaubewohner entwerfen (vgl. Kap. I. S. 271). Die Conservirung der organischen Stoffe durch das Wasser oder die Humussäuren des Schlammes ist oft eine so vollkommene, dass nicht nur Getreidekörner und Samen aller Art, ja Früchte, die zur Nahrung dienen sollten, erhalten blieben. Man hat neben den Hand-Mühlsteinen auch das grobe an westfälischen Pumpernickel er-

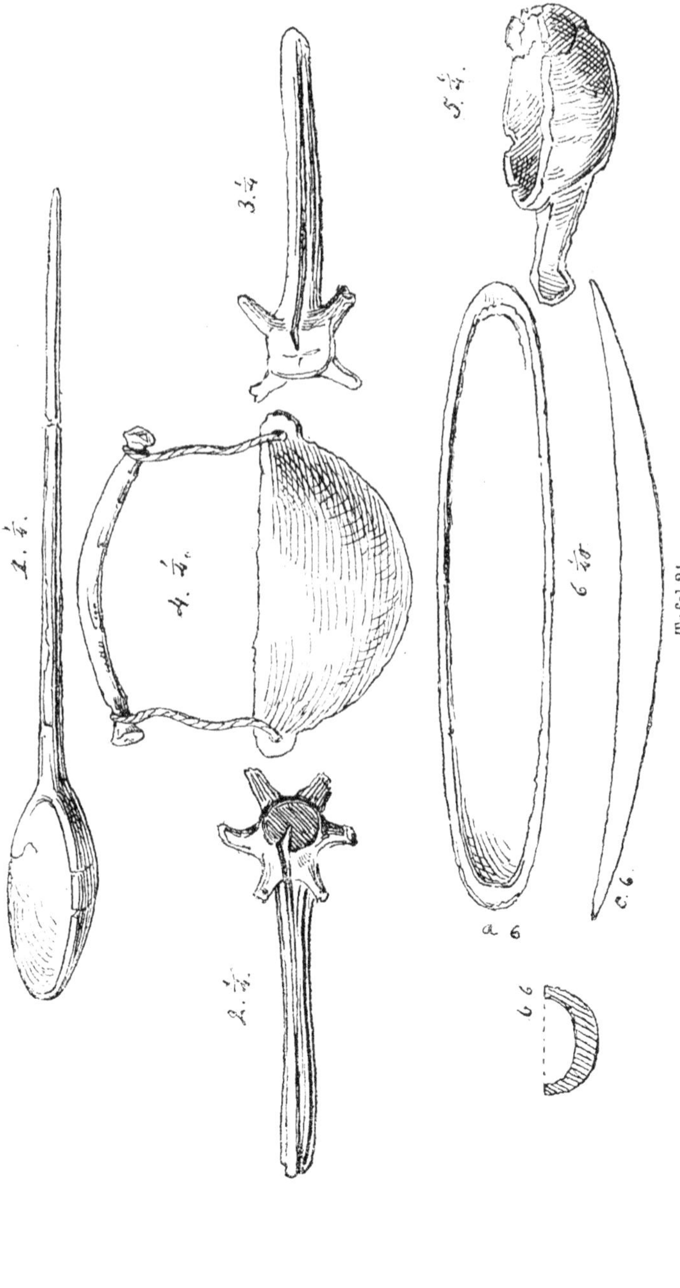

Tafel 21.

Pfahlbauten-Funde aus Holz, aus der Schweiz (Robenhausen), nach F. Keller.

4. Handhabe zum Tragen eines Kochtopfs. 2. 3. Zwei Quirle. 1, 5. Löffel und Schöpflöffel. 6. Kahn, Einbaum.

innernde Brod gefunden. Dann Reste von Netzen, Webe- und Flechtarbeiten verschiedener Art. Die Reichhaltigkeit der Funde erklärt das ausserordentliche Interesse, welches die Pfahlbauuntersuchungen überall hervorriefen und den hohen Werth, welchen die Alterthumsforscher und Anthropologen ihnen für die Geschichte der Culturentwickelung des europäischen Menschen zuerkennen.

Es ist gewiss noch immer eine lohnende Aufgabe, nach Pfahlbauten, namentlich in den vom Verkehr abgelegeneren Gebirgs- und Vorgebirgsseen zu suchen, sowie in den zugänglicheren Seen die schon gemachten Beobachtungen über solche zu controliren und zu erweitern.

Als Beispiel für die Art und Weise der Auffindung von Pfahlbauten kann wohl am besten die Beschreibung des Herrn F. Keller*) über ihre erste Auffindung im Zürich-See dienen.

In den Wintermonaten des trockenen Jahres 1853 wichen wegen mangelnden Zuflusses die Gewässer der schweizerischen Seen weiter, als man das früher beobachtet hatte, zurück, und an einigen Stellen trat der mit Geröll vermischte Grund auf grosse Strecken hervor, während an anderen seichte Sandbänke sich in Inseln verwandelten. In einer kleinen zwischen Obermeilen und Dollikon gelegenen Bucht benutzten die Anwohner diese günstige Gelegenheit, um ihre am See gelegenen Gärten zu vergrössern. Sie sicherten sich das so gewonnene Stück Land durch einen Damm, den sie längs der Wassergrenze hinzogen, und erhöhten das Terrain durch Schlamm aus dem See. Bei einer solchen Schlammausgrabung fanden die Arbeiter eine Menge Pfähle, Hirschgeweihe und auch einige alterthümliche Werkzeuge. Herr Schullehrer Äppli war der Erste, welcher an diesen aufgefundenen Gegenständen die Spuren menschlicher Arbeit erkannte.

Die Auffindung eines Pfahlbaus im Attersee beschreibt Graf G. v. Wurmbrand:**)

Unter dem Schutz einer Terrainerhöhung, welche vor Nordwinden Schutz gewährte, lag der Pfahlbau in der Form eines

*) a. a. O. Bd. IX. S. 65.

**) Mittheilungen der anthropolog Gesellschaft in Wien. Bd. I S 285.

Rechtecks am nördlichen Ufer dicht vor dem Ausfluss der Ager. Es ist möglich, dass die Ausflussstelle des Sees der Einflussstelle vorgezogen war, wenigstens treffen wir auch in der Schweiz grosse Ansiedelungen, wie die von Robenhausen, Niedau, Moosseedorf ebenso gewählt und es lässt sich denken, dass der Ausfluss darum vor dem Einfluss gewählt wurde, weil das einströmende oft getrübte Wasser dem Fischfang hinderlich sein konnte. Die Länge des Pfahlbaus beträgt 70—80 Klafter, die Breite 25—30 Klafter, das westliche Ende ist 30, das östliche 50 Klafter vom Ufer entfernt. Der Seeboden ist weder schlammig, noch versandet, sondern mit Geröll bedeckt, er senkt sich allmählich gegen Süden. Die Tiefe des Wassers steigt am Ende des Pfahlbaus bis zu 5′. Die Fundverhältnisse sind derart: Obwohl das Wasser vollkommen klar ist, sind weder Pfähle noch irgend welche Artefacte am Seeboden sichtbar gewesen. Erst nachdem das Geröll mit der Baggerschaufel entfernt worden war, stiess man auf Pfähle. Sie scheinen auf 3 bis 4′ von einander entfernt und sind theils korkartig vermorscht, so dass sie mit der Schaufel durchschnitten werden können, theils vollkommen verhärtet. Die Pfähle sind rund mit einem Durchmesser von 6 bis 8″. Mit dem Vorkommen der Pfähle zeigt sich auch die Culturschichte, ein schwärzliches Conglomerat organischer Reste. Sie ist wohl bis zu 1′ mächtig und ruht auf dem Seetegel selbst. In ihr sind alle Gegenstände gleichmässig verbreitet gelegen und mit ihr zu Tage gefördert worden Eine Ausnahme bilden vielleicht die Metallgegenstände, die leicht sichtbar mit der Désor'schen Zange aufgelesen werden konnten. Die Culturschichte enthielt eine grosse Anzahl von Steinartefacten, Knochenwerkzeugen, Schmuckgegenständen und Holzkohlen.

Die Auffindung des grossen Pfahlbaus im Mondsee durch Herrn Much*) war während des Sommers 1871 durch die Trübung des Wassers verzögert worden. Ende März liessen eine freundliche Sonne und eine Spiegelglätte und wundervolle Klarheit des Wassers sofort mit freiem Auge einen ausgedehnten Pfahlbau constatiren.

---

* Mittheilungen der anthropolog. Gesellschaft in Wien. Bd II. S 203.

In den folgenden Tagen gelang es, von der Oberfläche des Seegrunds zahlreiche Scherben, auch ganze Gefässe mit höchst merkwürdigen Ornamenten emporzuheben. In etwas späterer Zeit fortgesetzte Versuche ergaben auch noch Werkzeuge aus Stein, nämlich Hämmer, Äxte, Mahlsteine und Schleifsteine, sowie Geräthe aus Thon und endlich einzelne Knochen. Der Pfahlbau befindet sich unmittelbar vor dem Abfluss des Sees zwischen dem Gasthaus See und dem Forsthaus in der Burgau. Die Grenze der Ansiedelung konnte nicht genau bestimmt werden, da bei einer Tiefe von 3,5 m eine völlige Versandung des Seegrundes beginnt, unter der sich die Pfähle möglicher Weise noch fortsetzen. Es ist übrigens hier die aussergewöhnliche Tiefe, in welcher der Pfahlbau angelegt wurde, ganz auffallend, indem dieselbe bei mittlerem Wasserstand nicht unter 2 m, an den tieferen Stellen bis zu 4 m beträgt. Die Längenausdehnung der Ansiedelung, soweit dieselbe sichtbar ist, misst nach einer ungefähren Schätzung 80—100 m, deren Breite 30 bis 40 m, der besetzte Raum mag ungefähr eine Fläche von 3000 qm einnehmen. Dieser beschreibt übrigens keine regelmässige Figur, sondern grenzt sich nach der wechselnden Tiefe des Wassers ab. Die Pfähle stehen in keiner erkennbaren bestimmten Anordnung, bald mehr bald weniger dicht zusammen. Ihre Zahl beträgt nach einer sehr mässigen Berechnung mindestens 5000. Das Holz der Pfähle, die in einer Dicke von 8 bis 20 cm vorkommen, ist weich wie Schwamm, doch soweit es im Boden steckt, wohl erhalten, es hat selbst seine frische natürliche Farbe noch, als wären die Pfähle eben erst gefällt worden

In Beziehung auf die Untersuchungsmethoden haben wir nach den mitgetheilten Entdeckungsberichten wenig mehr nachzutragen.

Um einen prähistorischen Pfahlbau annehmen zu können, ist es nicht genug, Pfähle aufgefunden zu haben, es muss auch der Nachweis einer Bewohnung des Platzes in vorhistorischer Zeit, also namentlich das reichliche Vorkommen von alterthümlichen Resten des Lebens und der Thätigkeit des Menschen im Grunde des Sees zwischen den Pfählen geliefert werden. Bemerkt man alte Pfähle im Wasser, die ihrer Stellung und Anzahl nach möglicher Weise ein Verdeck, einen Pfahlrost, auf welchem Hütten stehen konnten, getragen haben können, so hat man mit dem Schleppnetz, der Baggerschaufel und der von Désor angegebenen Zange (vgl. den Anhang) zu versuchen, ob sich nicht mit dem Schlamm Gegenstände heben lassen, welche auf eine Pfahlbauansiedelung schliessen lassen. Man wirft den Schlamm aus dem Schleppnetz oder der Schöpfschaufel zur Untersuchung in ein grosses Sieb, in welchem der Schlamm leicht ausgewaschen werden kann. Selbstverständlich nimmt man das Waschen, um die Aussicht im Wasser nicht zu trüben, erst nach vorläufiger Beendigung der beabsichtigten Ausschöpfung des Bodens vor. Hat man Spuren wirklicher Pfahlbauten gefunden, so müssen einzelne Pfähle ausgezogen werden, um die Untersuchung des gebrauchten Materials, den Aufbau des Pfahlbaus noch näher zu erkunden. An der Art der Behauung der Pfähle, namentlich der in den Boden eingetriebenen Spitzen derselben, ist es erkenntlich, ob sie mit einem steinernen oder mit einem metallenen Werkzeug behauen wurden, ob also die Erbauer des Pfahlbaus steinerne oder metallene Äxte besassen. Während die Bearbeitung des Holzes mit der Metallaxt lange glatte Hiebflachen erzeugt, erinnert die Spitze eines mit der Steinaxt behauenen Pfahls an die Spitze eines schlecht gespitzten Bleistifts, indem die Hiebspuren kürzere, der convexen Schneide der Steinäxte entsprechende concave Absplitterungen hervorbringen. Mehrfach fanden sich, wie es scheint, die Pfähle auch vorläufig durch Brennen zugerichtet.

Bei der Untersuchung der Culturschichte der Pfahlbauten ist auf das Kleinste, Unscheinbarste zu achten, Nichts gering zu schätzen, Alles ist zu sammeln und zu bewahren: Urnenscherben, Kohlen, pflanzliche Reste, wie Getreidekörner, Leinsamen, Eicheln, Nüsse, Samen, Obst, Tannenzapfen. Dann thierische Reste: Knochen und Knochensplitter, Hörner, Geweihe, Schuppen und Gräten von Fischen, Muschelschalen, Schneckengehäuse. Am meisten Aufmerksamkeit verdienen die Geräthschaften und Gegenstände aller Art, welche vom Menschen benutzt worden sind oder sein können; ausser den schon genannten Gegenständen aus Stein, Metall, Knochen, Hirschhorn, Thon auch Glasscherben, Lederreste, Reste von Flechtwerk und Geweben,

Hanffäden, Stricke. Man hat in den Pfahlbaustationen auch Kähne aus einem Stamm gehöhlt, sogenannte Einbäume gefunden (Tafel 21). Höchst wichtig ist es, die übrigen Fischereigeräthschaften — wie Ruder, Netzbeschwerer, Netzschwimmer, Senksteine, Angeln, Harpunen und dergl. — ebenfalls zu erlangen, um das Bild der Thätigkeit der Pfahlbauansiedler zu vervollständigen.

Für die Conservirung der Knochen und organischen Reste überhaupt gelten die gleichen Grundsätze, die bei der Untersuchung der Höhlen schon erwähnt worden sind und bei der Untersuchung von Gräbern noch eingehender besprochen werden sollen.

In der Pfahlbautenperiode findet, wie schon einleitend bemerkt, in den Alpengegenden der Übergang aus dem Steinalter zum Metallalter statt, zur Benutzung der Bronze und des Eisens (Tafel 6. 7. 8. 9.).

Die Bronzeobjecte der prähistorischen Periode sind zum Theil von so ausserordentlicher Schönheit und Vollendung der Form, dass sie die Aufmerksamkeit des Forschers vor allem anzuziehen pflegen. In vielen Pfahlbauten der Schweiz hat man einen überraschenden Reichthum der schönsten Bronzen gefunden: Schmuckgegenstände, Geräthe, Werkzeuge, Waffen, namentlich Dolche und Schwerter, manchmal noch so vollkommen conservirt, als wären sie eben erst aus der Fabrik hervorgegangen. Unter den sehr abwechselnd geformten Schmuckgegenständen stehen an Zahl die Nadeln · Haarnadeln und Gewandnadeln gewöhnlich oben an, manchmal von gewaltigen Längendimensionen, meist mit schön verziertem Knopf Dann Fibeln und Brochen nach dem Princip unserer Sicherheitsnadeln, in sehr wechselnden Formen gearbeitet. Äxte, Meissel, verschieden geformte Messer, Rasirmesser, Zangen und Zängelchen u. v. a. beweisen dass die Bronze als Metall zu den Werkzeugen des täglichen Gebrauchs gedient habe. Die prächtigsten Fundobjecte sind Bronzeschwerter, Bronzedolche und jene Bronzeäxte, die sogenannten Kelte, welche wie die in der Form ähnlichen geschliffenen Steinkeile und Steinäxte geschaftet wurden, und theils als Waffen, theils als Äxte gedient haben. Man unterscheidet vor allem zwei typische Formen (Tafel 9).

Massive Kelte ohne, aber häufiger mit Schaftlappen zur Befestigung am Griff und sogenannte Paalstäbe und Hohl-Kelte, bei welchen der Griff in den hohlen Körper des Bronzebeils selbst eingesteckt wurde. Manchmal dient ein an den letzteren befindliches seitliches Ringelloch zur weiteren Befestigung durch Anbinden des Griffs. Auch Bronzegefässe, meist aus Bronzeblech und genietet, zur Aufnahme von Flüssigkeiten und anderem finden sich.

Eine Anzahl dieser Bronzeobjecte weist in Form und Technik auf eine auswärtige Erzeugung und zwar vorzugsweise nach Oberitalien, Etrurien, hin, von woher sie als Handelswaare nach ganz Mitteleuropa bis zu den skandinavischen Ländern gelangten.

Aber auch an Ort und Stelle wurde Bronze damals gegossen. Man fand nicht nur im Guss noch unvollendete Objecte aus Bronze mit Gussnähten, Gussrändern und Gusszapfen, sondern auch aus Bronze, Thon und Stein gefertigte Gussformen (Tafel 9. Fig. 2). Ja es ist sogar gelungen, irdene Schmelztiegel zum Bronzeguss, in deren Fugen und Ritzen, theilweise auch noch auf ihrem Boden sich Bronzerückstände als sicherster Beweis ihrer einstigen Benutzung zeigten, in nicht geringer Anzahl aufzufinden. Namentlich hat der reiche Pfahlbau im Mondsee unsere Kenntnisse in dieser Hinsicht erweitert.

Ob neben den Bronzen, der eigentlichen »Bronzeperiode« gleichzeitig schon Eisen in den Pfahlbauten der Alpenbezirke vorkommt, ist noch nicht vollkommen festgestellt. Das Eisen hat sich an den Fundstellen, die der Erhaltung der Bronze und der organischen Gebilde wie Knochen und Horn so günstig waren, viel weniger leicht erhalten können, es musste vom Rost zerstört, seine Überbleibsel unkenntlich werden. Nach dieser Richtung ist sonach ein fortgesetztes Studium unter Beachtung der geringsten Überbleibsel von weittragender Bedeutung, da die Frage nach einer reinen Bronzeperiode, in welcher die Benutzung des Eisens noch vollkommen unbekannt war, für unsere Gegenden wie mehrfach erwähnt keineswegs definitiv gelöst, weder bejaht noch verneint erscheint.

3. Älteste prähistorische Wohngebäude in Mooren und auf festem Lande.

An einigen Orten sind in der Nähe unseres Untersuchungsgebietes uralte Wohnplätze aufgedeckt worden, welche später von alluvialen, selbst glacialen Bodenschichten überschüttet worden sind.

Hier ist an die prähistorischen Funde im Löss zu erinnern, von denen man jetzt mehrfach annimmt, dass sie durch vollkommene Zuschüttung einstiger vielleicht künstlicher Aushöhlungen im Löss, die als Wohn- oder Kochplätze dienten, eingebettet wurden Es gehört zu den Eigenthümlichkeiten des Löss, dass seine abgebrochenen oder abgeschwemmten Theile sich unter dem Einfluss des Drucks, gepaart mit Feuchtigkeit, so fest wieder vereinigen können, dass jede Spur einer ehemaligen Trennung des Zusammenhangs der Theile verwischt werden kann. Wenn irgendwo so ist also hier Vorsicht bei der Beurtheilung am Platz.

Man ist in der neuesten Zeit auf künstliche Aushöhlungen im Löss oder festerem Sand erneut aufmerksam geworden. Diese „künstlichen Höhlen“ (Tafel 22)*) haben schon eine ziemliche Literatur veranlasst, doch ist es bisher nicht gelungen, ihre historische oder prähistorische Stellung festzustellen. Man stösst gewöhnlich zufällig bei Kellergrabungen auf unterirdische Räume, bei denen weitere künstlich gegrabene mit kleinen Wandnischen wie zum Einstellen von Lampen versehene Abschnitte, in denen ein Mensch aufrecht stehen und sich bewegen kann, durch enge Schlupfkanäle, die nur dem auf dem Bauche Kriechenden den Durchgang gestatten, verbunden sind. Die Funde in diesen künstlichen Höhlen sind so spärlich Topfscherben, Thierknochen etc., dass man noch nicht einmal mit Bestimmtheit über ihren ehemaligen Zweck entscheiden kann. Meist werden sie, wohl mit Unrecht, als Schlupfwinkel in Feindesgefahr angesprochen, vielleicht

---

*) Beiträge zur Anthropologie u Urgeschichte Baierns. J Ranke, S. Hartmann u. A. Bd. II. Heft 3.

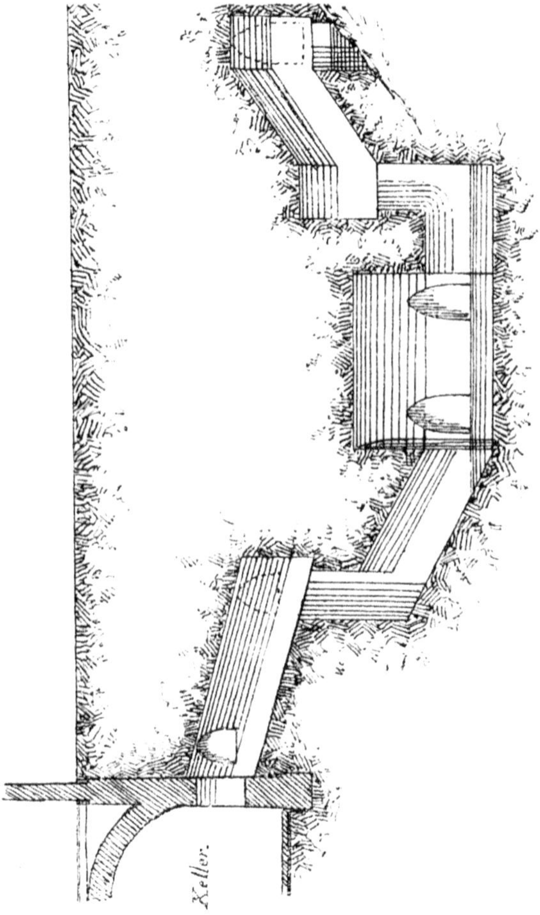

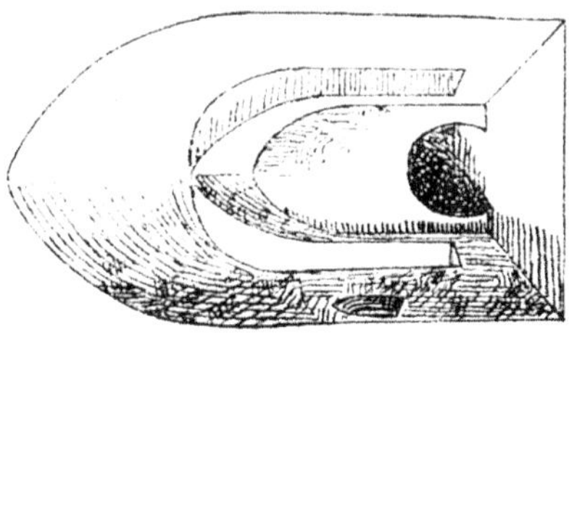

Tafel 22.
Künstliche Höhlen in Baiern.
1. Unterirdischer Gang in Almering bei Mühldorf nach S Hartmann.
2. Unterirdischer Gang in Kissing. Eingang durch das Schlupfloch.

sind es Grabstätten oder Stätten einer unterirdisch geübten Götter-Cultur der Vorzeit. Da sie wie gesagt beim Keller- und Grundgraben entdeckt zu werden pflegen, so haben sie auch meist von Kellern oder Brunnen aus ihre Zugänge und es ist von Wichtigkeit, in den Häusern der Landleute nach solchen »Hinterkellern oder Erdställen« zu forschen.

Eine überschüttete Wohnstätte des Urvolks von Schussenried in Schwaben gehört der Steinzeit, und zwar jener alten Periode derselben an, in welcher der Mensch noch mit dem Rennthier die Gegend bewohnte. Hier wurden mit grösster Sorgfalt die organischen, thierischen und pflanzlichen Reste gesammelt, und der Fund verdankt namentlich auch den letzteren seine hohe Bedeutung. Unter den Pflanzenresten wurden nämlich Überreste borealer Pflanzen, namentlich hochnordischer Moose gefunden, zum sicheren Beweis, dass damals am Schluss der Eisperiode in Oberschwaben ein arctisches Klima herrschte.

Ein solcher Wechsel des Klimas einer Gegend lässt sich auch bei Untersuchung tiefer Torfmoore constatiren, die in den Pflanzen- und Holzresten, welche sie enthalten, eine dem Klimawechsel von der Eiszeit bis zu unseren Tagen herab entsprechende Veränderung der Vegetation nachweisen lassen. Für die Gebirgsgegenden ist in dieser Beziehung noch Nichts untersucht und doch ist auch diese Frage von hoher Wichtigkeit.

In Dänemark war es besonders die Untersuchung jener kleinen Waldmoore, die häufig bis zu 30′ tiefe trichterförmige Höhlungen ausfüllen, welche durch irgend eine natürliche Ursache in dem unterliegenden Gletscherboden entstanden sind. Die an den steilen Wandungen dieser nun von Moor ausgefüllten Gletschergruben wachsenden Bäume sanken nach und nach um, mit den Spitzen gegen den Mittelpunkt der Grube gerichtet. Die Wandungen und der Grund der letzteren bestehen meist aus Lehm, dann folgt gewöhnlich zuerst eine Schichte erdigen Torfs, ehe der eigentliche Moortorf folgt. In dem letzteren liegen die Überreste jener Randvegetation der Gruben zusammen eingebettet mit den auf der Moordecke der Grube selbst meist kümmerlich gewachsenen Bäumen, Fichten, auf welche später die eigentlichen Moorsträucher: Preisselbeere, Rauschbeere, Heide und Birke, Erle, Haselnuss folgten. Namentlich lässt aber die üppigere Vegetation der Randzone solcher Waldmoore den Vegetationswechsel deutlich erkennen. In der Tiefe liegen in derartigen dänischen Waldmooren, oft merkwürdig dicht, prächtig entwickelte Stämme von Fichten, ein Baum, der seit historischen Zeiten in Dänemark fehlt. An Stelle der Fichten traten in der Folge Eichen und zwar die Winter- oder Steineiche (*Quercus sessiflora*), welche heute in Dänemark ebenfalls fehlt; in den oberen Schichten der Waldmoore findet sich die Sommereiche (*Quercus pedunculata*), mit Birke, Haselnuss und Erle. Die Buche, welche in den herrlichsten Stämmen heute die Vegetation Dänemarks bildet, soll nicht einmal auf der Oberfläche der Waldmoore durch umgesunkene Exemplare vertreten sein.

In den Moosen und Mooren, welche in alter Zeit theilweise Seen gewesen sind, finden sich nicht nur wahre Pfahlbauten, sondern auch jene merkwürdigen an der Grenze zwischen eigentlichen Wohn- und blossen Zufluchtsstätten stehende Sumpfhorste und Sumpfburgen. Entweder auf natürlichen festeren Stellen, Halbinseln oder Inseln oder auf künstlich, manchmal wallartig angelegten Erhöhungen findet sich eine sehr verschiedenartig entwickelte Culturschichte, Reste von Wohn- und Feuerstätten, Nahrung und allerlei Hausgeräth enthaltend. In Irland werden solche Sumpfburgen, deren Benutzung noch im Mittelalter nachgewiesen ist, als Crannoge (Tafel 23), in Italien z. Thl. als Terremaren bezeichnet. Erstere sind sogenannte Packwerkbauten, künstlich aufgeschüttete Steininseln, die durch Pfähle gehalten und umwallt waren.

Manche dieser prähistorischen Wohn- und Zufluchtsstellen im Sumpf und Moos schliessen sich durch vorwiegende, wenn auch eigenartige Verwendung von Holz für den Grundbau im gewissen Sinn näher an die eigentlichen Pfahlbauten an, z. B. der von Frank entdeckte und beschriebene Steinhauser Knüppelbau bei Schussenried in dem Moorgebiet des nun nahezu trockengelegten Federsees. Auch hier fand sich der Bau nach O. Fraas*), wie wir das bei den Pfahlbauten mehrfach hervorgehoben haben, in der Nähe des Ausflusses, des

*) Correspondenzblatt der deutschen anthropologischen Gesellschaft 1877. S. 159.

Ablaufs des Federbachs in die Riss in der südöstlichen Ecke des alten, jetzt durch Torfstiche ausgebeuteten Moors. An dieser Stelle liessen die Torfstecher seit Jahren eine Stelle liegen, bei welcher man schon mit 2 m Tiefe auf Kies und

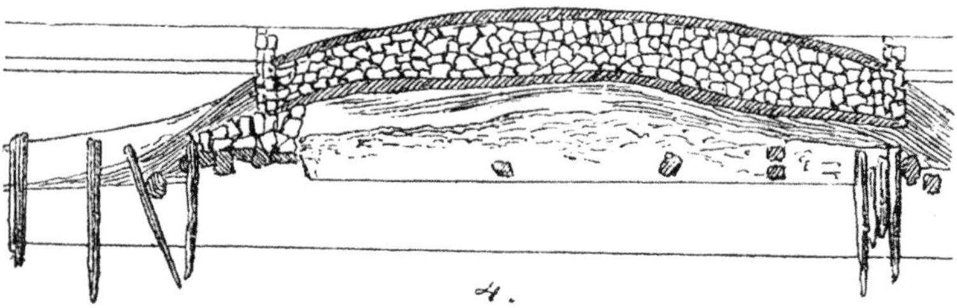

Tafel 23.

Durchschnitt eines irischen Crannoge.

Letten stiess. Man hielt die Strecke lange Zeit für eine natürliche inselartige Erhebung im Seegrund, bis sich herausstellte, dass der Kiesboden künstlich aufgeführt sei. Dieser ruht auf einem etwa 700 qm Grundfläche haltenden Knüppeldamm, der vom Festland mittels einer Brücke zugänglich, inselartig im Moor sich erhebt, unter sich aber noch 1,5 m Torf liegen hat, bis der eigentliche Seegrund erreicht wird. Der 1,5 m mächtige Torf unterhalb der „Culturschichte“ war also schon gewachsen und bezeichnet die Zeit von Beginn der Moorbildung bis zum Bau des Dammes; die 2 m Torf oberhalb des letzteren bezeichnen dagegen die Zeit, welche zwischen seiner Erbauung und der Jeztzeit liegt. Unter dieser oberen Moorschichte stösst man auf eine Art von Estrichboden, der theils nur aus festgeschlagenem Letten, theils aus Kies und Letten hergestellt war und auf dem Knüppeldamm auflag. Der Knüppeldamm selbst besteht aus neben einander gelegten Rundhölzern und Halbhölzern von Weisserle, Schwarzerle, Esche, Birke, Eiche, Buche und Aspe, mitunter von einem Durchmesser von 25 bis 30 cm; auch Ahorn, Haselnuss, Ulme und Weide ist vertreten, dagegen ist von dem heutzutage in der ganzen Umgegend vorhandenen Nadelholz auffallender Weise noch keine Spur gefunden worden. Die Culturschichte, bestehend aus dem Knüppeldamm selbst mit dem darauf angebrachten Estrich, Kies, Letten,

Asche, Kohle, mit den Resten von Knochen, Geschirren, Werkzeugen und Sämereien, schwankt in der Dicke von 0,25 bis 1 m, je nachdem sich ein zweiter, dritter ja vierter Knüppeldamm mit Estrich und Zubehör auf den ersten legt. Die den Knüppeldamm bildenden, horizontal neben und übereinander auf das Moor gelegten Hölzer sind in der Regel 2—3 m lang, selten länger, einzelne aber bis zu 5 m. In ihrer Lage herrscht die Richtung von SW zu NO und in der zweiten Lage die darauf rechtwinklige vor. Die horizontal liegenden Hölzer sind von Zeit zu Zeit durch vertikal eingetriebene, nur z. Thl. roh zugespitzte Pflöcke gehalten. In neuester Zeit ist es Frank gelungen, auch die wohlerhaltenen Holzfundamente und unteren Wandreste einer viereckigen Hütte bloszulegen. Die Fugen zwischen den flachliegenden Hölzern sind mit grauem, zähem Letten und Kies ausgeschlagen und die letztere Erdschichte deckt die Holzlagen noch einige Centimeter hoch. Der Estrich zeigt die Spuren einstiger Feuerung, der Thon ist hartgebrannt, Asche und Kohle bilden fingerhohe Lagen, vielfach hat das Feuer auch die Holzlage durchgebrannt, so dass die Hölzer selbst Feuer fingen und zu kohlen begannen. In der Aschenschichte finden sich die Knochentrümmer und Artefacte, letztere aber ziemlich vereinzelt. Die Mehrzahl der Knochen sind im Zustand der „Küchenabfälle“, d. h. jeder Markknochen geöffnet und zerschlagen, ebenso sind auch die Kopfknochen zur Gewinnung des Hirns etc. zersplittert. Die Thierfauna weicht im wesentlichen — ebenso wie in den Pfahlbauten der Seen — von der modernen Fauna nicht ab, der einzige Wisent war eine jetzt fremde Erscheinung. Ausserdem fanden sich Edelhirsch, Schwein, Rind, Schaf, Hund, brauner Bär, Luchs, Wolf, Biber, Hasen, Vögel, Fische. Auch menschliche Skeletreste fanden sich theils unverbrannt, theils verbrannt, so dass also neben den Wohnstätten auch Begräbnissplätze auf dem Knüppeldamm angenommen werden dürfen. Häufiger als Knochentrümmer sind Trümmer von Topfgeschirr, namentlich auffallend sind spielwaarenähnliche kleine Henkelkrüge, Näpfchen, Schüsselchen, dann Scherben grösserer, einfach ornamentirter Geschirre von dem Styl der österreichischen Pfahlbauten, dann thönerne Ess- und Schöpflöffel. Ausserdem fanden sich Geräthe und

Werkzeuge aus Stein· aus Feuerstein geschlagene Splitter, Spitzen, Sägen, Messer, schwalbenschwanzförmige Pfeilspitzen, ferner geschliffene Äxte und Hämmer aus zähen Grünsteinen, auch aus Gneiss, Granit, Schiefer, Jadeit, dieselben Gesteine, welche wir auch sonst aus den südlich der Donau gelegenen Fundstätten für geschliffene Steinartefacte kennen; dann Schleifsteine, Reibschalen und Hand-Mühlsteine aus Granit mit den entsprechenden Reibsteinen und apfelförmige beiderseits abgeplattete Steine meist aus Granit bestehend; Schmucksteine aus Bergkrystall und zwei Perlen aus rothem Jaspis, die eine einfach, die zweite doppelt durchbohrt. Die Artefacte aus Bein und Horn sind ausschliesslich aus Hirschknochen und Hirschgeweih hergestellt. Die Geweihe sind ausnahmslos abgesägt, die meisten zugespitzt als Griffe ausgehöhlt, durchbohrt, um als Schlegel zu dienen, oder angesägt. Die Instrumente sind entweder rund zugespitzt oder zu oft zierlichen Meisselchen geschärft. Namentlich die Arbeiten in Holz weisen auf eine gewisse Kunstfertigkeit im Schnitzen hin: Löffel, Teller aus Ulmenholz, Hefte und Stiele aus Eschenholz, langstielige Pritschen zum Schlagen des Estrichs; auch Stricke aus Bast, ein Korbgeflecht aus Weizenstroh kam zu Tage; ausserdem Röthel, Pech aus Birkenrinde geschwelt. Theilweise unter Scherben von Thongefässen fand sich in grösserer Menge in kleineren und grösseren Haufen beisammen liegend Weizen. Wir haben es also jedenfalls bei den Erbauern und Bewohnern des Knüppeldamms mit Leuten zu thun, die Ackerbau in ausgedehntem Maasse betrieben Neben Weizen findet sich auch noch Leinsamen und die Früchte wildwachsender Bäume und Sträucher, Bucheln, Eicheln, Haselnüsse, Himbeerkerne. F r a a s meint, dass diese Leute gewiss für gewöhnlich nicht im Moor gewohnt haben, sondern da, wo sie Ackerbau trieben, ihre Viehheerden weideten und die herrlichen Waldungen auf Hirsche, Sauen und Bären durchstreiften. Der künstliche Bau wird ein Zufluchtsort in Feindesgefahr gewesen sein, welcher zugleich das Heiligthum einer Gottheit umschloss, der vielleicht bei Opferfesten die Früchte als Opfergaben dargebracht wurden.

Von dem Bau und der Construction der W o h n h ü t t e n a u f d e m f e s t e n L a n d e in jenen langvergangenen Tagen wissen wir ausserordentlich wenig Die Eskimo errichten an dauernden Wohnplätzen rohe Steinhäuser, und man will ähnliche prähistorische Bauten auch in Mitteleuropa nachgewiesen haben. Ähnliche rohe Steinbauten finden sich auch im Hochgebirge und verdienen in Beziehung auf das Alter ihrer Anlage sorgfältige Untersuchung Hier können aber nur Ausgrabungen des Hüttenbodens, die ähnlich wie die Ausgrabungen des Höhlenbodens anzustellen wären, und sorgfältiges Sammeln aller Fundobjecte wissenschaftlich werthvolle Aufschlüsse ergeben.

An verschiedenen Orten hat man künstliche Erdvertiefungen, Trichter oder Gruben beobachtet, in welchen Kohlen, Thierknochen, Körner von Pflanzen, namentlich Getreide, Topfscherben, Mahlsteine, auch Steingeräthe, dann Klumpen von gebranntem Lehm, wie es scheint vom einstigen Lehmbewurf einer Reisig-Wand herstammend, und andere Zeichen einstiger menschlicher Anwesenheit und Thätigkeit sich nachweisen liessen. Man stellt sich gewöhnlich vor, dass diese Gruben Keller oder Vorrathsräume darüber in primitiver Weise gebauter runder Hütten mit Wänden aus lehmbeworfenem Flechtwerk gewesen seien. Nur die umsichtigste Vergleichung und Constatirung aller Einzelheiten wird im concreten Fall feststellen lassen, ob an solchen Fundstellen einst wirkliche Wohnungen oder nur Herdstellen, Keller und dergleichen gestanden haben. Die Aufmerksamkeit wird auf derartige Stellen gewöhnlich zuerst gelenkt durch die schwarze, an Kohle erinnernde Färbung regelmässig abgegrenzter in den andersartigen Boden eingetiefter Erdschichten, welche bei Erdabgrabungen, Sand- und Kiesgruben oder bei Erddurchstichen zu Tage tritt. (Tafel 24.) Die etwaigen Reste ehemaliger Lehmwände verdienen aufmerksame Beachtung. Sie geben nicht nur Aufschluss über die Bauart und wohl auch Form der ehemaligen Hütten, Abdrücke pflanzlicher Theile im Lehm, z. B. Stroh, versprechen auch Aufschluss über etwaigen Ackerbau der Bewohner.

Im allgemeinen wird zunächst bei derartigen Auffindungen von prähistorischen Wohn-, Rast- oder Zufluchtsstätten die Localität, in welcher sie sich finden, genau kartographisch zu fixiren sein, die Lage muss mit allen Einzelheiten aufgenommen und namentlich festgestellt werden, ob die betreffenden Localitäten auf Felsen, Bergen, Hügeln, in Thälern, auf natürlichen oder künstlichen Inseln oder Erdaufwürfen, an Ufern oder Abhängen angelegt sind. Man wird sich vor allem zu vergewissern haben, ob sie einst über oder unter der Erde, in gewachsenem

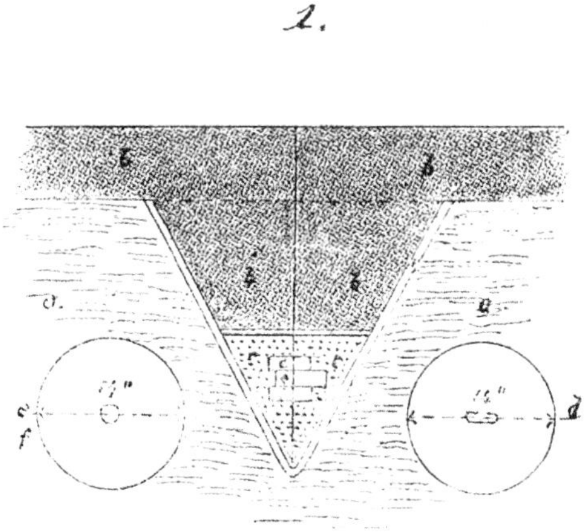

Tafel 24.

Trichtergrube bei Kamp in Niederösterreich nach A. Graf Breunner
a Schotter; *b*. Dammerde; *c*. feiner Schotter; *d*, *e*, *f* drei Mahlsteine, deren Form in den beiden Seitenzeichnungen dargestellt ist.

Boden oder in künstlichen Aufschüttungen angelegt waren. Selbstverständlich sind genaue Messungen der Fundstelle und Planaufnahme und Zeichnung erforderlich. Im allgemeinen ist wieder alles schon bisher namhaft gemachte mit aller Sorgfalt zu beachten, namentlich aber ist auf etwa vorhandene Steinsetzungen ob ohne oder mit Mörtel, auf Feuerstätten und Herdanlagen zu achten.

Kapitel III.

Die Stätten prähistorischer Industrie, namentlich der Metallgewinnung und -Bearbeitung.

1. Prähistorische Feuersteinwerkstätten, Töpferwerkstätten.

An einzelnen Stellen der Lüneburger Haide zeigte nach E. Bracht*) eine vorhandene rohe Pflasterung des losen Sandbodens auf einstige Wohnplätze hin. Und gerade an so unscheinbaren Fundplätzen gelang es mehrfach, alte Werkstätten für Herstellung von Feuersteinobjecten oder Töpferwaare oder für den Guss metallener Gegenstände nachzuweisen. Vor allem interessant wäre für unser Untersuchungsgebiet das Auffinden von Orten, welche als eigentliche »Feuersteinwerkstätten« gedeutet werden könnten, da solche bisher in Süddeutschland und Österreich ausser etwa in einigen Höhlen wie in der oben erwähnten reichhaltigen Räuberhöhle im Schelmengraben bisher nicht in grösserem Maasstab aufgefunden wurden. Zum Nachweis einer Feuersteinwerkstätte würde nicht nur eine grosse Anzahl roh und besser geschlagener Feuerstein- oder Hornsteinsplitter gehören, vor allem müssten sich neben sonstigen Anzeichen der Gegenwart des prähistorischen Menschen in entsprechender Anzahl auch jene oben beschriebenen in unseren Gegenden der Kleinheit der zur Verfügung stehenden Feuersteinknollen wegen ziemlich unscheinbaren Steinkerne, Nuclei

*) Correspondenzblatt des Gesammtvereins der deutschen Geschichts- und Alterthumsvereine. Nr. 1. 2. 1880. Vorgeschichtliche Spuren in der Lüneburger Haide.

Tafel 2) finden, von denen die Feuersteinmesser und Splitter abgeschlagen wurden.

Wie wichtig es ist, auch das Rohmaterial und die natürliche Fundstätte desselben zu den geschliffenen Steininstrumenten aus seltener oder in unseren Gegenden bisher noch gar nicht nachgewiesenem Steinmaterial aufzufinden, ist schon mehrfach angedeutet. Namentlich der oft schön grüne Nephrit und Jadeit sind auf natürlichen Fundstellen bei uns noch nicht entdeckt. Und doch scheint man neuerdings am Bodensee Werkstätten von Nephritinstrumenten entdeckt zu haben, wofür die zahlreich aufgefundenen Nephrit-Splitter sprechen. Wenn irgendwo, so müssen sich rohe Nephrite und Jadeite im Geröll der Flüsse und Bäche der Alpen nachweisen lassen. Offenbar kannten die Bewohner unserer Gegenden die technisch an Stelle der Metalle verwendbaren, sich namentlich durch Härte und Zähigkeit auszeichnenden Steine besser als unsere moderne Bevölkerung, die der Steine zu Werkzeugen nicht mehr bedarf. Ja ihr Auge mag in dieser Beziehung sogar geschärfter gewesen sein als das unserer heutigen Mineralogen und Geognosten. Emsiges und aufmerksames Suchen von Steinkundigen wird hier vielleicht noch manche Räthsel lösen, die uns bis jetzt nur die Annahme vom Transport solcher Steine aus dem fernen asiatischen Osten übrig zu lassen scheinen. Auch Eclogit, Kieselschiefer, Obsidian, Graphit, vor allem aber Bernstein verdienen in Beziehung auf ihre natürlichen Fundplätze, von denen sie die Urbewohner zur Verfertigung von Waffen, Werkzeugen und Schmuck, den Graphit zur Schwärzung ihrer Geschirre, erhalten konnten, volle Beachtung. Auch sie können uns eventuell Anhaltspunkte liefern für die Beurtheilung prähistorischer Wanderungen der Stämme und ihrer Tauschhandelbeziehungen, von denen wir bisher aus der ältesten Zeit nur wenig sicher wissen.

Töpferwerkstätten, alte Ziegeleien etc. werden an den Resten, die sie zurückliessen, leicht erkannt werden können. Immer ist bei der Annahme alter Werkstätten auch auf die übrigen Beweise von der einstigen längeren Bewohnung der Fundstelle durch den prähistorischen Menschen zu achten.

2. Prähistorische Eisenschmelzen und Eisenbergwerke.

Reiche Aufschlüsse haben wir über die alte Metallindustrie der Bronze- und Eisenperiode gerade aus den Gebirgsländern erhalten, durch die Auffindung alter Schlackenhaufen, Gussformen und Gusstiegel, von denen schon bei den Phahlbauten die Rede war, dann von zum Umguss bestimmter, in grösseren Mengen zusammengefundener Bruchwaare bronzener Metallgeräthe, Metallbarren und durch die Spuren bergmännischer Gewinnung von Metall.

Im reichem Maasse verdienen die alten Eisenschmelzstätten fortgesetzte Untersuchung, so wie namentlich jene Fundplätze, welche für prähistorische Perioden die Gleichzeitigkeit der Bronze- und Eisenbearbeitung ergeben.

Graf Wurmbrand*) fand in Steiermark und zwar in Hüttenberg, „dem alten Erzwerk der Noriker", römische und vorrömische Eisenschmelzstätten, deren Zeitstellung er nach den mitgefundenen Topfscherben bestimmen konnte. Schon seit vielen Jahren kennt man uralte grasbewachsene Schlackenhalden an vielen Stellen des Erzberges, welche noch so eisenreich sind, dass sie hie und da wieder zur Einschmelzung verwendet wurden. In diesen Halden fand man in einer Tiefe von 4' und darüber römische Urnenscherben, römische Münzen und endlich auch die Reste alter kleiner Schachtöfen, welche in den Berg hineingebaut und 5 bis 6' hoch, 3 bis 4' breit waren und aussen aus feuerfesten Steinen bestanden. Der Innenraum war mit Lehm bekleidet. Am Boden befindet sich eine Wölbung, Sumpf, zum Ansammeln des Eisens, an einer Seitenwand am Boden mit einer Öffnung zum Aufbrechen des Schmelzgutes, des Eisenklumpens oder Eisenfladens (*flatum ferri*), welche Öffnung mit Lehm verschmiert war. Als Luftzug diente ursprünglich ein Kanal, der an und für sich vielleicht schon genügte, um das Feuer anzufachen, da diese Öfen an hervorragenden, den Luftströmungen sehr stark ausgesetzten Punkten sich befanden; doch wandte man daneben wahrscheinlich Hand- oder Tret-

---

*) Correspondenzblatt der deutschen anthropologischen Gesellschaft 1877. S. 151.

bälge an, deren spitzes Ende in eine Thonform ragte. Solche Thonröhren mit angeschmolzenem Ende sind mehrfach gefunden worden. Derlei Öfen waren also schon von den Römern erbaut und haben sich in ähnlicher Weise bis in das 9. Jahrhundert erhalten.

Es sind aber noch zwei weit einfachere Eisenschmelzstätten

1.

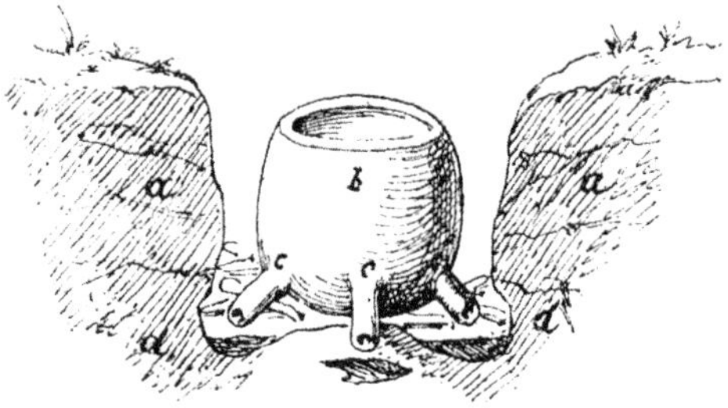

2.

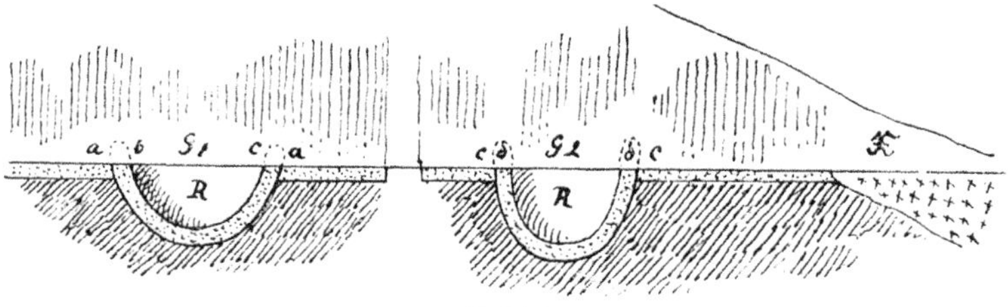

Tafel 25.

Prähistorische Eisenschmelzen.

1. Das (zweite) Eisenschmelzverfahren bei Habruvka nach H. Wankel.
2. Prähistorische Eisenschmelzofen in Hüttenberg nach Graf Wurmbrand.

in Hüttenberg aufgedeckt worden, welche von jeder Einrichtung eines Ofens absehen und nur aus Erdgruben bestehen. An diesen Stätten fanden sich ausser den an Eisen überaus reichen Schlacken und Holzkohlenresten in der Halde selbst noch alterthümliche Thonscherben, welche als nicht-römisch anzusehen sind und daher, wie Graf Wurmbrand annimmt, auf vorrömische Arbeitsstätten schliessen lassen. Beide Gruben (Tafel 25, Fig. 2) befinden sich ausgehöhlt im Schotterboden mit Rollsteinen von 1—1½ cbf Grösse. Die obere Grube ist an der Sohle 1½″ stark mit Kohlenlösche, darüber mit einer zehnzölligen Lehmschichte blauen Thons, wie er in nächster Nähe ansteht, ausgestampft. Die Lehmschicht zeigt sich auf 3″ nach innen rothgebrannt, der Raum der Grube über der Lehmschicht mit 2′ Höhe, 5′ Durchmesser, ist von rothgebrannter, mit Quarzkörnern gemischter Lehmmasse ausgefüllt. Diese Ausfüllung kommt von den einst über den Schotterboden hinausragenden, künstlich hergestellten, nun eingestürzten Grubenwänden, sodass man die Grube circa um einen Fuss höher annehmen darf.

Graf Wurmbrand liess nach den Maassen dieser alten Schmelzgruben zwei in Form und Bau vollkommen ähnliche Gruben anfertigen, und den Schmelzprocess in denselben ganz in der alterthümlichen, einfachsten Art durchführen.

Wankel, einer der glücklichsten neueren Finder, schildert uns seine Entdeckungen von prähistorischem Eisenbergbau aus alten Eisenschmelzen, die er auf dem böhmisch-mährischen Scheidegebirge (der Luna Silva der Römer) und den Sudeten gemacht hat.*) An vielen Orten dieser Gegenden lassen alte Schlackenhaufen auf eine einstige Eisenindustrie schliessen, ebenso sind die Eisensteingruben von sehr alten Strecken durchzogen, die, der alte Mann von den Bergleuten genannt, mitunter ihrer in Folge der Zersetzung des Zimmerholzes entstandenen schlagenden Wetter wegen gefährlich werden können. In einem solchen „alten Manne“ der Grube bei Kirstein fand man eiserne Werkzeuge, Spitzhauen von absonderlicher Gestalt, in einem anderen einen zerbrochenen Steinhammer. Wankel versetzt diese alten Eisenschmelzen in jene Zeit, von der Ptolemaeus sagt, dass die alten Quaden Eisen in den eisenreichen Gegenden des Luna-Waldes schmolzen.

Eine solche uralte Eisenschmelze fand Wankel bei den 3 Stunden nördlich von Brünn entfernt im Gebirge liegenden, mit Wald umgebenen Ortschaften Růdic und Habrůvka. Das Eisenerz ist in dieser Gegend in Form von mehr oder weniger

*) Prähistorische Eisenschmelz- und Schmiedestätten in Mähren. Wien 1877. S. 28. Separat-Abdruck aus den Mittheilungen der anthropologischen Gesellschaft in Wien.

grossen Putzen und Lagern, die mitunter bis zu Tage reichen und zwar in den oberen Jura, der in den Ausbuchtungen zwischen den Klippen des devonischen Kalks abgelagert ist, eingebettet. Es ist ein thoniger Brauneisenstein, der leicht schmelzbar ist, 29—34 % Eisen enthält und verhüttet ein graues, körniges, weiches Eisen gibt. Mit diesen Eisenlagern kommen auch in derselben Formation grosse Bänke weisser feuerfester Thone mit Kaolin gemischt vor, die ebenfalls mitunter bis zu Tag anbeissen und daher leicht gefunden werden konnten. Die Spuren der prähistorischen Eisenschmelzerei lassen sich über ein mehr als einen Quadratkilometer weites Waldgebiet von Růdic bis nach Habrůvka verfolgen. Vorzugsweise sind es aber drei grosse, über mehr als 100 qm sich ausbreitende Schmelzplätze, die sich durch die vielen isolirt stehenden Schlackenhaufen kennzeichnen. Sie liegen grösstentheils an solchen Stellen, wo die Erzlager nahe an die Oberfläche traten und daher leicht gefunden werden konnten.

Die Untersuchung dieser Schmelzplätze ergab Wankel als Resultat, dass ehemals ein zweifaches Verfahren angewendet wurde, um hier Eisen zu gewinnen. Das eine Verfahren, wahrscheinlich das ältere, bestand darin, dass die Eisenschmelzer mehrere Tiegel zu einer Gruppe vereint auf die Erde stellten, sie mit dem Schmelzgut füllten, über und um dieselben ein starkes Feuer anmachten, in welches sie wahrscheinlich durch eine einfache Gebläsvorrichtung so lange bliesen, bis sich das geschmolzene Eisen am Grunde des Tiegels angesammelt hatte, das dann herausgenommen und als Eisenluppe zusammengehämmert verwendet oder in den Handel gebracht wurde.

In dem Walde bei dem Dorfe Růdic, in einer Tiefe von 0,3 m, fanden sich ganze Gruppen topfartiger Tiegel von 20 bis 25 cm Höhe, 18 bis 20 cm Breite, die mitunter an ihrer äusseren Oberfläche verschlackt waren. Sie standen in einer schwarzen mit Kohle und Asche geschwängerten Erde. Einige dieser Tiegel waren mit Erde gefüllt, in anderen aber befand sich noch das Schmelzgut, das den Topf oft nur bis zur Hälfte ausfüllte. Dieses Schmelzgut bestand aus einer porösen, eisenhaltigen, schwarzen Schlacke, die gegen den Boden des Gefässes zu metallischer, krystallinischer und brüchiger wurde, zugleich aber an Dichtigkeit zunahm; ein Tiegel enthielt noch die vollständige Luppe, wie sie sich aus dem Schmelzsatz ausgeschmolzen hatte; sie hat die Gestalt des Tiegelraums angenommen, und besteht aus einem schwarzen, metallisch glänzenden schlackigen Eisen. Die Tiegel waren so mürbe, dass es nicht gelang, auch nur den kleinsten Scherben heraus zu bekommen, was erklärlich ist, da sie, so nahe der Oberfläche gelegen, den Einflüssen der Atmosphärilien zu sehr ausgesetzt waren. Sie sind aus einer grauschwarzen, sehr zerreiblichen Masse gearbeitet worden, deren Hauptbestandtheil wohl der feuerfeste Rudicer Thon ist.

Das zweite Verfahren (Tafel 25, Fig. 1), das Wankel als wahrscheinlich jünger annimmt, da es complicirter gewesen ist, war nachstehendes: Es wurde eine 2 m lange, 1 m breite und ebenso tiefe Grube gegraben, in dieselbe auf einem in der Tiefe der Grube etwas erhöhten Boden ein 35 bis 36 cm hoher nach unten etwas wenig ausgebauchter Tiegel gestellt, der 30 bis 32 cm Durchmesser und eine 4—4½ cm dicke Wandung hatte. Nahe am Boden dieses Tiegels waren ringsherum vier bis sechs Stück 12—13 cm lange, 5 cm dicke thönerne Röhren angebracht, die sich etwas nach abwärts neigten und mit ihrem 2 cm weiten Canal in den Tiegelraum, mit dem freien abgerundeten Ende aber in eine kleine, in den Boden der Grube gemachte schalenförmige Vertiefung mündeten. Nachdem das Schmelzgut sammt Kohle in den Tiegel gethan war, wurde rings um den Tiegel die Grube mit Brennstoff angefüllt, derselbe angezündet und von beiden Seiten mit einer Blasevorrichtung in das Feuer geblasen und so die Gluth angefacht, bis das geschmolzene Eisen durch die Röhren in die schalenartige Vertiefung abfloss, dem dann die flüssige Schlacke folgte, und so war der Process vollendet. Ob irgend ein Flussmittel dem Erze beigemengt wurde, ist noch nicht constatirt; die vielen halbverbrannten, in den Abfallshaufen liegenden Kalkbrocken machen es aber wahrscheinlich. Um für die Blasevorrichtung Raum zu bekommen, wurden die Gruben länger als breit gemacht. Das Eisen, welches durch eine solche Schmelzweise gewonnen wurde, war ein körniges, weisses und sprödes Eisen, mehrweniger von kalkbrüchiger Beschaffenheit.

Wankel fand mehrere solche Gruben. Eine davon lag in dem dem Dorfe Růdic nahen Wald; ihre Wände waren festgebrannt, jedoch sie selbst, ausser wenigen Tiegelresten und zerbrochenen Röhren, schon ausgeräumt. Glücklicher war er beim Auffinden jener, die auf einem mässigen Abhang in der Nähe des Dorfes Habrůvka im Walde lagen, der mit dem Namen Kalu (beim Sumpfe) bezeichnet wird, worin Hunderte von Schlackenhaufen liegen, die meist so situirt sind, dass grossentheils die Schmelzgrube oberhalb derselben sich befindet. In einer dieser Gruben stand noch der Tiegel halb mit Schlacke, halb mit Erde gefüllt, Er war so mürbe, dass es nur mit grösster Vorsicht möglich war, grössere Bruchstücke herauszunehmen, die sechs Röhren waren alle von demselben abgebrochen, jedoch in ihrer ursprünglichen Lage mit dem freien Ende gegen die Grübchen gerichtet, einige waren noch mit der im Flusse erstarrten Schlacke entweder ganz oder zur Hälfte angefüllt, andere waren an ihrem freien Ende mit Schlacken umhüllt. In den schalenartigen Vertiefungen befanden sich noch mitunter Reste von Eisen, oder sie waren mit Schlacke erfüllt, welche die Form der Schale angenommen hatte und mit einem kurzen Halse sich in den Kanal der Röhre fortsetzte. Die Tiegel selbst bestehen aus feuerfestem mit vielen Quarzkörnern durchmengtem Thon, der nicht weit von den Schmelzplätzen ansteht. Sie wurden an Ort und Stelle geformt, wofür die hergerichteten ungebrannten Thonklumpen, die hie und da in den Schlackenhaufen vorkommen sprechen. Das Erz war der an Ort und Stelle vorkommende Brauneisenstein, der um ihn mürbe zu machen und vom Schwefel zu befreien, bevor er zur Verwendung kam, geröstet wurde, wie es die geringen Vorräthe desselben in den Schlackenhaufen beweisen. Mitunter befanden sich neben Schmelzgruben kleine Haufen, die meist zerbrochene Röhren, Tiegelreste und einzelne Stücke Roheisen enthielten und durch das Ausräumen einer solchen Grube nach vollendeter Schmelzreise entstanden sind. In den Schlackenhaufen lagen noch geröstetes Eisenerz, Stückchen gebrannten Kalks, feuerfester Thon, z. Th. angebrannte Knochen von Schwein, Schaf und Rind, und eine grosse Menge zerstreut liegender Topfscherben nebst zerbrochenen Röhren und Tiegelresten.

3. Prähistorischer Kupferbergbau.

Das norische Eisen besitzt eine uralte Berühmtheit, neuere Untersuchungen, namentlich von Much*) haben aber das gesicherte Resultat ergeben, dass schon lange vor Ankunft der Römer in den norischen Bergen auch Kupfererze gegraben und Kupfer ausgeschmolzen wurde unter Anwendung von Geräthen und Werkzeugen aus Stein, Holz und Kupfer resp Bronze. Auf dem Mitterberg bei Bischofshofen, auf der Kelchalpe und dem Schattberg bei Kitzbühel haben sich gewiss, im Leogangthal und in den Schladminger Thälern wahrscheinlich prähistorische Kupferbergwerke befunden, deren Bestand vielleicht zum Theil bis in die Zeit der oberösterreichischen Pfahlbauten, zum Theil gewiss bis in die Zeit des Hallstätter Grabfeldes (vgl. unten) zurückreicht. Nehmen wir dazu den Betrieb der Salzwerke Hallstatt und Hallein, an welch letzterem Orte ebenfalls Reste aus der Periode des Hallstätter Grabfeldes vorhanden sind, dann die historisch nachweisbar schon circa 150 Jahre vor Christus in den Tauernthälern bei Gastein und Rauris von Eingeborenen betriebenen Goldbergwerke, so kommen wir zu der Überzeugung, dass in diesem Theil der Alpen vor Beginn der Römerherrschaft eine fleissige, Bergbau verschiedenster Art betreibende Bevölkerung sesshaft gewesen ist. Es ist einleuchtend, dass wir von diesem Gesichtspunkt aus auch die prähistorischen Verhältnisse jener Periode in den Nachbarländern zu beurtheilen haben.

Um die mustergiltige Art und Weise, die Methode der Auffindung und Untersuchung dieser hochwichtigen Verhältnisse anschaulich zu machen, folgen wir Herrn Much in seinen näheren Beschreibungen.

Bei der Lage des Kupferbergwerks auf dem Mitterberg fällt vor allem die vollständige Abschliessung auf; einerseits ist der Ort begrenzt durch ungeheure bis über 9000′ ansteigende Felsschrofen, andererseits durch ein grosses, pfadloses Waldgebirge, das sich bis nahezu 6000′ erhebt.

*) Das vorgeschichtliche Kupferbergwerk auf dem Mitterberg Wien 1879. Separatabdruck aus den Mittheilungen der Wiener anthropologischen Gesellschaft.

Die Fundstelle des zweiten prähistorischen Kupferbergwerks auf der Kelchalpe, südlich von Kitzbühel in Tirol ist nicht direct durch Felsschrofen abgeschlossen, aber es befindet sich noch um 1000′ höher als das Mitterberger Bergwerk, welches an höchster Stelle die Höhe von 4700′ übersteigt, während das Kupferbergwerk auf der Kelchalpe 5700′ hoch gelegen ist. In prähistorischer Zeit war es ringsum durch ein weit ausgedehntes Waldgebiet umschlossen, welches die ganze Thonschieferzone bedeckte, die sich nördlich von der Tauernkette in westöstlicher Richtung hinzieht. An der dritten Stelle prähistorischen Bergbaus in Noricum, auf dem Schattberg in unmittelbarer Nähe von Kitzbühel, ist eine nähere Untersuchung kaum mehr möglich, weil dort noch heute betriebener Bergbau die Spuren des alten fast vollständig verwischt hat. Much untersuchte die prähistorischen Mitterberger Kupferbergwerke unter Leitung des Verwalters des neuerdings dort wieder schwunghaft betriebenen Kupferbergbau's, Herrn J. Pirchl in Mühlbach.

Die Spuren des alten Bergbaus auf dem Mitterberg und auf der Kelchalpe kennzeichnen sich zunächst durch ausgedehnte Gruben, wahrscheinlich zum Theil Orte, wo der Bergbau über Tag betrieben wurde, zum Theil von Einsenkungen unterirdischer Gänge herrührend. Auf dem Mitterberg sind noch solche ziemlich unregelmässig gebaute unterirdische Stollen „Verhaue des alten Manns unter Tag“ zum grossen Theil erhalten, ja sie sind, da sie bei ihrer Auffindung durch die neuen fortschreitenden Bergwerksarbeiten vollkommen mit Wasser gefüllt angetroffen wurden, heute noch, nachdem der Mensch sie seit einer so langen Zeit nicht mehr berührt hat, in dem Zustand erhalten, in dem sie sich befanden, als sie plötzlich aufgegeben werden mussten. Man merkt an diesen Stellen nirgends Spuren der Arbeit mit Metallgeräthen; einzelne Vertiefungen im Gestein konnten mit Werkzeugen aus dem verschiedensten Material, auch mittels Steingeräthen hergestellt sein. Die Wände sind uneben, theilweise weit die Höhe eines hohen Saales überragend. Das Losbrechen des Gesteins und das Eindringen in den Berg mittels Stollen geschah durch Feuersetzung. Man findet noch eine grosse Menge halbverbrannten und verkohlten Holzes, daneben auch Rinnen, in welchen Wasser auf die oberen

Bühnen geleitet wurde, um das Feuer zu dämpfen. Andere Fundstücke waren Leuchtspäne in sehr grosser Anzahl, wie man sie auch in Salzsteinen aus dem Heidengebirge im Salzbergwerk bei Hallein, welches ebenfalls in prähistorische Zeit fällt, ebenso in Hallstatt in grosser Zahl eingewachsen gefunden hat. Ausserdem lagen noch Balken herum von den Bühnen; Wasserrinnen, Blockleitern, die wahrscheinlich mit Benutzung von Feuer hergestellt wurden, endlich kupferne und bronzene Pickel. Diese letzteren haben ohne Zweifel dazu gedient, das durch Feuersetzung theilweise schon zerklüftete Gestein vollends zu lösen und loszubrechen. Man findet auch hölzerne Eimer und Schöpfgefässe und sogenannte Setztröge, d. i. kleine Tröge im Ganzen aus einem Baumstamm gefertigt, mit denen Erze aus den Gruben geschafft wurden. Das Holzwerk konnte sich ähnlich gut wie in den Pfahlbauten erhalten, denn sämmtliche Gruben waren, wie bemerkt, vollständig ersäuft, das Wasser ging bis an das Mundloch der Gruben, so dass diese von der Einwirkung von Luft, Licht und Wärme gänzlich abgeschlossen waren.

Unter den zu Tage gemachten Funden sind zuerst die grossen Schlägel zu erwähnen, die dazu dienten, die grösseren aus den Stollen geschafften Gesteins- und Erzbrocken zu zertrümmern; sie haben entweder Einkerbungen an den Kanten oder herumlaufende Rinnen zur Aufnahme des Stricks oder der Wiede, mit denen sie an dem Stiel befestigt wurden. Zu solchen Schlägeln wurden in Mitterberg Serpentingeschiebe verwendet, welche sich die Leute von den Schuttbänken der Salzach heraufgeholt haben. Auf der Kelchalpe dienten dazu Gneiss- und Granitfindlinge.

Waren die Erze soweit zertrümmert, dass das derbe Erz ausgeschieden werden konnte, so kamen die kleinen, mit taubem Gestein durchsetzten Erzstücke auf die Scheideplatten, wo man sie vermittels der Klopfsteine weiter verkleinerte. Die Platten erweisen sich als grössere plattenförmige Stücke von Grauwacke, wie sie in den Stollen eben herausgebrochen wurden; sie zeigen alle tiefere oder flachere Grübchen, die durch den häufigen Gebrauch allmählich enstanden sind.

Auf anderen Steinplatten mit einer wenig concaven Fläche

wurden mittels eines anderen convexen Steins die so verkleinerten Erze zu Schlich zerrieben. Die Reibsteine zeigen auf den concaven wie auf den convexen Flächen feine parallele Riefungen, zur besseren Zermalmung der Erzstücke. Diese Steine haben mit den Mühlsteinen der Pfahlbauten die grösste Ähnlichkeit. Der obere Reibstein, der Läufer, zeigt obenauf eine Furche, um darin eine auf beiden Seiten vorstehende und fassbare Handhabe aufzunehmen, welche mittels eines Stricks befestigt werden konnte, wozu wieder eine um den Stein herumlaufende Rinne diente.

Man fand in den Gruben auch einen Waschtrog zur Reinigung des »Schlichs« vom tauben Gestein, der sich von denen, die heute noch bei den Goldwäschereien der Zigeuner in Siebenbürgen üblich sind, in nichts unterscheidet. Die grösseren Stücke derben Erzes kamen auf den Röstplatz, wie ein solcher, sorgfältig von aufgestellten Steinen umschichtet, 5 m lang und 1 m breit aufgefunden wurde. Hier wurde das Erz aufgehäuft, angezündet und dann der eigenen Verbrennung überlassen.

Endlich kam das Erz in die Schmelzöfen, von denen sehr viele im Betrieb waren, wie an den zahlreichen Schlackenhaufen zu erkennen ist, die sich dem Auge durch eine überaus dürftige Pflanzendecke, die von der Üppigkeit der sonstigen Vegetation lebhaft absticht, zu erkennen geben.

Much hat einen solchen Schmelzofen vollständig ausgegraben. Derselbe hatte nur 50 cm Breite und Tiefe, bestand auf drei Seiten aus einer beiläufig eben so hohen aus rohen Steinen aufgeführten Mauer, deren Fugen mit Lehm verstrichen waren. Die vierte, resp. vordere Seite wurde nicht vermauert, sondern mit Erde und Lehm ausgestampft. Die Lage der Schmelzöfen ist gekennzeichnet durch grosse Mengen von Schlacken. An einigen Stellen glückte es, vollständige Schlackenstücke, welche die ganze auf einmal aus dem Ofen abgeflossene Schlackenmasse darstellen, zu erlangen. Sie geben das ungefähre Maass, wie viel Erz in den Ofen gegeben wurde und wie viel Kupfer bei einem Schmelzgang gewonnen werden konnte. In diesen Schlackenmassen befindet sich ein Loch, das davon herrührt, dass sie der Arbeiter, ehe sie erstarrt waren, mit einer Stange anstiess und weiterzog.

Es unterliegt keinem Zweifel, dass noch manche weitere Spuren uralten Bergbaues in diesem Theil der Alpen existiren, und dass es nur des emsigen Suchens bedarf, um sie aufzufinden; in den Tauern dürfte die gegenwärtige Periode des Rückgangs der Gletscher alle solche Untersuchungen besonders begünstigen.

4. Schmiede- und Gusswerkstätten für Eisen und Bronze.

Werfen wir noch einen Blick in die Werkstätten der prähistorischen Eisen- und Bronzekünstler. Einen der schönsten derartigen Funde machte Wankel in der Býčiskála-Höhle. Dort deckte er neben der Begräbnissstätte eines vorhistorischen Herrschers, die grösste bis jetzt bekannte Schmiedewerkstätte der Vorzeit auf. *)

Die Höhle liegt in der nächsten Nachbarschaft der von demselben Forscher aufgefundenen oben beschriebenen prähistorischen Eisenschmelzen.

Die Eingänge in die Höhle finden sich in der unter dem Namen Josephsthal bekannten Schlucht. Die Vorhalle der Höhle bildet einen grossen imposanten Dom, der durch von oben spärlich einfallendes Tageslicht dämmerig erleuchtet wird. Von hier aus öffnet sich die lange, durch Funde aus der Rennthier- und Mammuthzeit interessante Grotte. In der Vorhalle hat Wankel vor einigen Jahren das grosse Höhlengrab eines Häuptlings aufgeschlossen. Aus den Resten ergibt sich, dass der letztere auf einem hölzernen, mit Eisen beschlagenen und durch ornamentirte Bronzebleche gezierten Wagen auf einem hier errichteten Scheiterhaufen verbrannt wurde, und dass ihm seine Weiber, Knechte und Pferde mit ins Grab folgen mussten. Rings um den grossen Brandplatz des Scheiterhaufens lagen über dreissig Skelette jugendlicher Frauen und einiger kräftiger Männer in allen möglichen Lagen, theils ganz, theils zerstückt und mit abgehauenen Händen und gespaltenem Kopfe, vermischt mit zerstückten Pferden, einzeln liegenden oder zu Haufen zusammengetragenen Gold- und Bronzeschmucksachen, Armbändern, Glasperlen, Bernsteinperlen und Bronzegehängen, mit Haufen von Gefässcherben, ganzen Ge-

*) H. Wankel, a. a. O.

fässen, Bronzekesseln und gerippten Cysten, mit Bein- und Eisengeräthen u. s. w. Alles dies lag bunt durch- und übereinander geworfen, theils umhüllt mit grossen Mengen verkohlten Getreides, unmittelbar auf dem geschwärzten, festgestampften, lehmigen Boden der Höhle, 2 bis 3 m hoch, bedeckt mit riesigen Kalkblöcken und auf diesen geschüttetem Sand und Schotter.

Als die Blöcke hinweggeräumt wurden, fand sich unter denselben nicht nur der Brandplatz mit den Skeletten und Schätzen, sondern auch im fernsten Hintergrund der Vorhalle ein über 20 qm grosser Platz, der mit Gegenständen anderer Gattung bedeckt war. Unter grossen Mengen Asche und Kohle lagen solche Objecte, die in dieser Menge nur in einer Werkstätte für Metallwaaren angetroffen werden können. Hier lag aufeinander gehäuftes, vielfach zerschnittenes und zerbrochenes Bronzeblech, zusammengenietete grosse Bronzeplatten, bronzene Kesselhandhaben, Haufen von unförmlichen Stücken halbgeschmiedeten Eisens, riesige Hämmer, Eisenbarren, schwere, eiserne Stemmeisen und Keile, Feuerzange. Ambos, eiserne Sicheln, Schlüssel, Haken, Nägel und Messer, ferner geschmiedete Bronzestäbe und Gussformen. Alles dies war wie der ganze Opferplatz überschüttet mit verkohltem Getreide, bestehend aus Weizen, Gerste, Korn, Hirse. Aus dem Charakter dieser Fundobjecte, den Lagerungsverhältnissen derselben und aus dem zur weiteren Bearbeitung angehäuften vorräthigen Rohmaterial lässt sich mit Gewissheit auf eine Schmiedestätte schliessen, wo längere Zeit hindurch nicht nur Eisen sondern auch Bronze geschmiedet und anderweitig verarbeitet wurde.

Die Werkzeuge, insbesondere die 6—7 kg schweren wuchtigen Eisenhämmer — von den Bergleuten Schlägel, Fäustel, palice, genannt —, von welchen 8 Stück gefunden wurden, zeigen alle Spuren eines langen Gebrauchs und mehr oder weniger starker Abnutzung. So ist ein Hammer in Folge des Gebrauchs mitten entzwei gebrochen; die kleinen Handhämmer haben breitgeschlagene Enden mit eingebogenem zackig ausgefranstem Rand, und an der Feuerzange ist der eine Arm durch den Gebrauch abgebrochen. Und nicht nur an den Spuren eines langen Gebrauchs der Handwerkzeuge, sondern auch an den unfertigen Gegenständen, deren Bearbeitung mitten in der

Arbeit unterbrochen ist, lässt sich erkennen, dass hier lange Zeit gearbeitet wurde. So verräth ein 8 kg schwerer eiserner Keil seine Unfertigkeit dadurch, dass das eine Ende zwar schon in eine Spitze ausgehämmert ist, das andere aber erst im Beginn der Bearbeitung sich befindet. Bei einem anderen 6 kg schweren Hammer ist das Stielloch angedeutet; bei einem dritten ist das Stielloch so eng, dass man annehmen muss, die Arbeit des Durchbohrens sei noch nicht vollendet. Die roh gearbeiteten Nägel sind oft unvollendet, gebogen und zerbrochen, die Bronzebleche in Streifen und unregelmässige Stücke zerschnitten, zusammengebogen, zerknittert. Sie waren vermischt mit Abfällen, zerbrochenen Ringen u. a., auf einen Haufen geworfen und offenbar zum Zusammenschmieden oder Verschmelzen vorbereitet. Für letzteres sprechen zwei Gussformen. Die eine derselben ist aus Bronze und besteht aus drei Theilen, sie war bestimmt zum Guss flacher Scheiben mit zwei Öhren und einem Tubulus in der Mitte. Die andere, aus grauem Thonschiefer, diente zum Guss eines Schmuckgegenstands von der Form eines kleinen vierspeichigen Rades, am Rande mit Knöpfchen besetzt. Ein 35 cm langer Bronzestab lässt auf seinen Flächen die Spuren der Schläge des Hammers erkennen, ohne vollendet worden zu sein etc. etc. Noch mehr als alles dies sprechen für eine Benutzung dieser Stelle als Schmiedestätte viele kleine Stückchen Schlacke, ferner kleine Eisenstäbe, an deren Enden Eisenklumpen angefrischt sind, wie es noch heute die Hammerschmiede thun, und vor Allem das zur Bearbeitung angehäufte und vorbereitete Rohmaterial in Form von 6 bis 8 kg schweren unregelmässigen Bruchstücken sehr harten und zähen an den Bruchflächen schwarzmetallisch glänzenden Luppeisens, das sich als solches durch ungleiches Gefüge und einzelne Schlackenpartikelchen herausstellt, und nur die erste Hämmerung durchgemacht hat. Dieses harte und zähe Rohmaterial gab ein vorzügliches Schmiedeeisen, welches in Form der mehrfach gefundenen Eisenbarren als Handelswaare in die Welt geschickt wurde. Letztere sind schwere, vierkantige, zu beiden Seiten in lange dünne Spitzen ausgeschmiedete Eisenstücke, wie sie sich, als Eisenbarren angesprochen, z. B. in den Museen zu München, Mainz, Hamburg, Kiel, Christiania u. a. O. finden.

Wankel glaubt, dass jene oben (S. 339) beschriebenen einfachen Tiegelschmelzereien das Eisen für diese Werkstätte lieferten. Für die Altersbestimmung ist es wichtig, dass alle die massenhaften Bronze- und Eisenobjecte im Allgemeinen den „Hallstätter Charakter" tragen, doch lassen sie ihre einfachere und rohere Ornamentik und manche andere Merkmale noch älter erscheinen. Wankel möchte sie chronologisch in das dritte bis vierte vorchristliche Jahrhundert versetzen.

5. Prähistorischer Salzbergbau und prähistorische Gerberei und Weberei.

Aus den Funden am Salzberg bei Hallstatt,*) geht hervor, dass der Salzbergbau von Seite der prähistorischen (vorrömischen) Bevölkerung dieser Gegend betrieben wurde und die Quelle jenes Reichthums war, den wir aus den dortigen Gräberfunden uns entgegentreten sehen. Die directen Beweise für den Betrieb des Salzbergbaus wurden auch hier durch Stollen des „Heidengebirges" erbracht, welche Objecte geliefert haben, die mit den im Hallstätter Gräberfeld gefundenen vollkommen übereinstimmen und dadurch ihre fixirte chronologische Bestimmung erhalten.

Solche prähistorische, vom Tag abgebaute Salzgruben hat man nach der Beschreibung des Herrn v. Sacken**) bei Hallstatt im Salzberg in einer Tiefe von mehr als 480′ gefunden, die noch Leuchtspäne, Scheiter und bearbeitetes Rüstholz enthielten. Man fand fünf solche Taggruben · im Tollinger Stollen, auf der Friedrich-Kehr, im Kaiser Karl-Stollen und in der Forstner Wöhr. Sie unterscheiden sich wesentlich von der mittelalterlichen und neueren Benutzungsart des Salzlagers, indem man in prähistorischer Zeit nur senkrechte Gruben abteufte, um Steinsalz zu gewinnen, während man seit 1311 Stollen anlegt und das Salzflötz vorzüglich nur durch Auslaugung mit Wasser benutzt.

Andere Funde wurden im Salzstock selbst gemacht und

*) v. Sacken, das Grabfeld von Hallstatt in Oberösterreich und dessen Alterthümer.

**) a. a. O.

zwar zum Theil senkrecht unter dem ältesten im 14. Jahrhundert eingetriebenen Stollen. Im Jahre 1838 fand man bei Ausmauerung der Kaiser Josef-Stollen-Hauptschachtricht im Salzthon die Spitze eines Keils aus schwarzem Serpentin von einer auch sonst vorkommenden Form, vierkantig, einerseits flach mit scharfen Kanten, andererseits etwas gewölbt mit abgerundeten, spitz zulaufend, durchaus polirt. Das Werkzeug dürfte eine Länge von 7—8″ gehabt haben bei 1½″ Breite und gleicher Dicke. Dabei war das Fragment eines Hirschgeweihes mit der Rose und deutlichen Spuren der Bearbeitung, endlich ein Ring von 2¼″ Durchmesser aus Holz oder Splint, mit einem Baststreifen sorgfältig umwickelt, dessen Enden in einen Knoten geschlungen sind. Bei der weitergeführten Ausmauerung im Jahre 1845 wurden Bruchstücke eines Pickels und Steinbohrers mit sechskantiger Spitze gefunden, dann weiter eine 3½″ lange cylindrische Pfrieme aus Bein, scharf zugespitzt; das Ende eines flachen Geräthes aus Horn abgerundet und schief mit einem scharfen Werkzeug durchbohrt; das Fragment eines Topfes aus grobem, schwärzlichem Thon mit zwei erhabenen Bändern, deren eines gerade, das andere krumme Eindrücke roher Art zeigt.

Ferner ein fest in das Steinsalz eingewachsenes Stück einer hölzernen Schale von bauchiger Form mit eingezogenem Rand aus Ahornholz von circa 6″ Durchmesser und 2″ Höhe und ein Stierhorn.

Besondere Beachtung verdienen die zahlreichen Überreste von Fellen, Pelzwerk und gewebten Wollstoffen, die sowohl hier als an benachbarten Stellen im „Heidengebirge" im Salzthon eingeschlossen gefunden wurden. Nebst vielen Stücken von schwarzem Lammpelz, Ziegen- und Kalbsfellen, Reh- und Gemsdecken, alle noch mit Haaren, erregten Stücke wohlgegerbten Leders die Aufmerksamkeit, namentlich ein ungefähr einen Quadratfuss grosses Stück Kalbleder, aus mehreren, mittels ganz feinen Lederstreifchen zusammengenähten Theilen bestehend. Es ist ohne Zweifel eine Tasche oder ein Beutel, durch einen Zug zu verschliessen; das hierzu dienende Riemchen ist noch vorhanden und durch die Säume gezogen. Mehrere schadhafte Stellen sind mit fest und sorgfältig aufgenähten Flecken aus anderem Leder ausgebessert.

Die Aussenseite ist glatt und scheint dunkel gefärbt gewesen zu sein, die Innenseite rauh und licht. Von einem zweiten Beutel ist der Obertheil erhalten, er erscheint zusammengefasst und mit einem fünfmal herumgewundenen, zuletzt verknüpften Bindfaden aus Pflanzenfaser fest geschlossen.

Die gewebten Stoffe bestehen sämmtlich aus Schafwolle, sind aber in Feinheit, Technik und Färbung verschieden. Man kann zehn Muster unterscheiden von ganz groben, wahrscheinlich geflochtenen, bis zur Feinheit eines Merinos oder Orleans gröberer Sorte unserer Zeit. Sie sind theils von einfacher glatter Weberei, theils diagonal im einfachen und doppelten Croisée gearbeitet, einige zeigen noch ein in anderem Muster, als Bordüre gewebtes Ende. Die Stoffe sind theils braun, theils lichtgrün, von letzterer Farbe sind meistens die feineren, einer derselben erscheint dunkel-blaugrün, bei mehreren braunen ist Kette und Einschlag von verschiedenen Tinten, wodurch eine Melirung entsteht. Ein Streifen aus schwarzer mittelfeiner Schafwolle besitzt in der Mitte der ganzen Länge nach ein schachbrettartiges Muster aus braunen Fäden, ausserdem sind der Quere nach starke Pferdehaare eingewebt.

Ferner fanden sich Stücke einer aus Binsen geflochtenen Matte, Blätter mit Gras oder Bast in Büschel gebunden, oder in einzelne grosse Blätter eingeschlagen und viele z. Th. verkohlte Holzreste.

Der gesammte Fund, mit seinen zerbrochenen Geräthen, Fetzen von Fellen, Stoffen und Matten, einzelnen Knochen, Hörnern und Geweihstücken, Holzstücken und Kohlen, stellt sich als ein Haufen von Abfällen und weggeworfenen Sachen dar, die durch eine bedeutende Masse von Tagwässern, welche sich in den oberen Theilen des Salzbergs angestaut hatte und zum plötzlichen Durchbruch kam, weggeschwemmt, und bei der später erfolgten Neubildung eines krystallinischen Salzstocks in denselben eingeschlossen wurden. Diese Revolution, die man aus der Schichtung des Salzstocks erkennt, muss, wie die mitgefundenen Erdbeer- und Kleeblätter, Moose und andere Pflanzenreste beweisen, zu Anfang des Sommers eingetreten sein.

Wie wichtig für unsere Beurtheilung des Culturlebens der

Vorzeit diese im Salz conservirten Reste so leicht vergänglicher Stoffe und Objecte sind, bedarf keiner weiteren Auseinandersetzung. Die Untersuchung des unten zu beschreibenden Hallstätter Grabfeldes fügt zu dem hier Gewonnenen noch wichtige Ergebnisse hinzu. Auffallend erscheint das Fehlen (?) von Flachsgeweben, welche wir in den Pfahlbaufunden der Schweiz eine so wichtige Rolle spielen sahen.

6. Prähistorischer Ackerbau.

An vielen jetzt brachliegenden oder mit Wald bewachsenen Stellen hat man namentlich in Baiern sogenannte Hochäcker entdeckt, langgezogene, breite und hohe Ackerbeete, welche auf Ackerbau in prähistorischer Zeit oder in der Römerperiode bezogen zu werden pflegen.

7. Vorrömische Münzen, Regenbogenschüsselein.

Wir haben oben von dem Bergbau der Alpenvölker in vorrömischer Zeit und von dem Goldreichthum der betreffenden Gegenden Einiges beigebracht.

Namentlich und zuerst durch die Untersuchungen des Herrn Franz Streber*) scheint es festgestellt, dass die südlich der Donau und im Gebirge wohnenden »keltischen« Völkerschaften das Gold zu Münzen geschlagen haben und zwar in einer auffallenden, nämlich schüsselförmigen Gestalt. Diese Münzen, welche man nicht nur im südlichen Baiern und Böhmen, sondern auch an anderen Orten, neuerdings in Hessen, manchmal in grosser Anzahl zusammen gefunden hat — 1000 Stück und mehr — sind es welche als Regenbogenschüsselein bezeichnet zu werden pflegen.

Auf der einen Seite kommt (Tafel 26) häufig eine ringförmig sich krümmende Schlange mit Mähne und Löwen- oder Widderkopf, oder ein Vogelkopf vor, auf der anderen ein Stern oder ein Halbmond und Punkte oder Kugeln in verschiedener Anzahl. Manchmal tritt auch ein Blätterkranz auf, oder eine

---

*) Über die Regenbogenschüsselchen, in den Abhandl. der k. bair Akademie der Wissenschaften, I Cl. Bd. IX. Abth. I und III.

Leier, ein Apollokopf, ein Hirschkopf, ein Pferd, alles in Ornamente aufgelöst, nicht selten eine Muschel. Die Mehrzahl hat aber wie gesagt auf der concaven Seite eine grössere oder geringere Anzahl von Kugeln, die von einem Rundbogen umspannt sind.

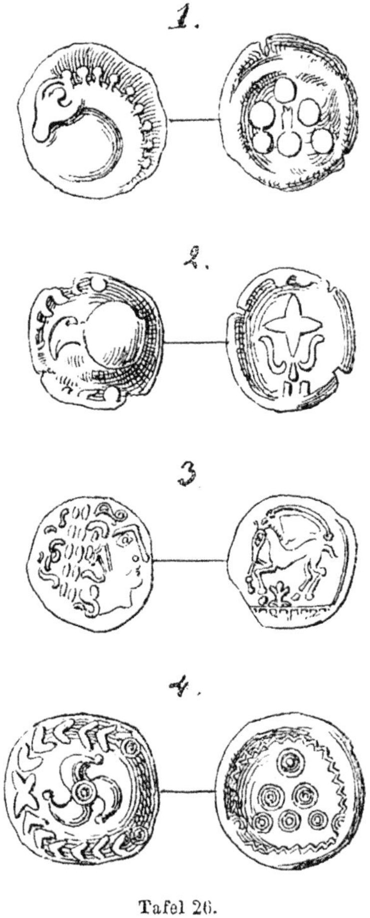

Tafel 26.
Regenbogenschüsselein nach Fr Streber.

Die Münzen sind selten aus ziemlich reinem Gold, Dukatengold, viel häufiger aus Electrum, einer Mischung von Gold und Silber, welche in 1000 Theilen aus etwa 692 Gold, 228 Silber und 80 Theilen unedlem Metall besteht, diese Münzen sind sonach 16,608 karätig. Sehr selten ist ein geringerer Goldgehalt (12 karätig).

Das Gewicht beträgt meist etwa 7,5 gr, Herr Streber macht drei Abtheilungen, solche von 7,737, dann von 7,514 und von 7,042 gr.

Wie schon der Name sagt, galten diese Münzen dem Volk als vom Himmel gefallen und werden noch manchmal als glückbringend in den Familien vererbt. Aus dem 17. Jahrhundert lässt sich die Meinung nachweisen (Streber), dass die Regenbogenschüsselein insbesondere bei Fiebern heilsam seien, namentlich durch Einlegen derselben in das zu geniessende Getränk.

Als »keltische« Münzen werden neben den Regenbogenschüsselein auch barbarische Nachbildungen der macedonischen Stateren bezeichnet, ebenso barbarisirende Nachahmungen griechischer Münzen.

Von den römischen Münzen sind die Regenbogenschüsselein schon durch ihre eigenthümliche Gestalt zu unterscheiden, es fehlen ihnen auch meist alle Spuren von Buchstabenzeichen und Ziffern.

Kapitel IV.

Prähistorische und römische Befestigungen, Bauten und Strassen.

1. Erd- und Steinwälle, Bauernburgen.

In Berggegenden, wenn auch nicht gerade im Alpengebiet, sind zahlreich vorhistorische Wallanlagen aufgefunden worden, die man früher unbedenklich alle als militärische Befestigungen auffassen zu dürfen meinte, welche aber sicher vielfach als

Cultusstätten und als gelegentliche Zufluchtsorte für die umwohnende Landbevölkerung in Feindesgefahr gedient haben. Man pflegt die Wälle nach ihrem Baumaterial zu unterscheiden als Erdwälle, Steinwälle oder nach ihrer mehr oder weniger regelmässig runden, halbrunden oder ovalen Anlage, wodurch

Tafel 27.

Ringwall.
Hackenförmige Heidenschanze bei Nieden in der Lausitz, nach Jahns.

sie sich von der Mehrzahl der römischen Verschanzungen unterscheiden, als Ringwälle (Tafel 27). Eine Beschreibung nach militärischen Gesichtspunkten soll im folgenden Abschnitt gegeben werden.

In dem gebirgigen Terrain Krain's hat v. Hochstetter*) eine ganze Anzahl Ringwälle und mit solchen zusammenhängender prähistorischer, vorrömischer Ansiedelungen theils neu entdeckt theils genauer untersucht.

Eine dieser Localitäten, welche eine reiche Ausbeute gewährte, liegt in der Nähe von Zirknitz bei Niederndorf am

*) Denkschriften der mathem.-naturwiss. Classe der k. Akad in Wien. Bd. 42.

nordwestlichen Ende des Zirknitzer Sees zwischen den einzeln stehenden Kirchen St. Lorenz und St. Wolfgang. Es ist ein für eine Ansiedelung sehr günstig zwischen Wald und See gelegener Hügel, Teržišče, welcher einst seinem ganzen Umfang nach besiedelt und befestigt war. An der nordwestlichen, westlichen und zum Theil auch an der südlichen Seite sind noch deutlich erhaltene nicht gemauerte Stein- und Erdwälle erkennbar.

Auch Grad bei St. Michael, unweit Adelsberg am Fusse des Nanos zeigt ausgedehnte, durch Umbau zum Theil mehr oder weniger verwischte Erdwälle und an mehreren Punkten mörtelloses, vorrömisches Mauerwerk.

Auf dem oberhalb des Dorfes Vier zwischen Sittich und St. Veit in Unterkrain gelegenen Plateau, welches die Dorfbewohner Vrh nennen und jetzt als „römisches Lager" zu bezeichnen pflegen, finden sich wohlerhaltene Wallspuren. Das Plateau ist ungefähr 50′ hoch, gross und ringsum natürlich abgegrenzt. Gegen Süden fällt es mit scharfem Rand steil ab und wenn hier einst Erdwälle bestanden haben, so sind sie jetzt durch Überackern längst verschwunden. Dagegen ist in dem über den Feldern etwas höher gelegenen Wald ein aus Steinen und Erde am Rand des Plateau's aufgeworfener mächtiger, an manchen Stellen 4 m hoher und bis 6 m breiter Wall in einem grossen Halbkreis noch vollständig erhalten. An mehreren Stellen bemerkt man Durchbrüche, die aber wohl neueren Ursprungs sind und von den Bauern zum Hinausschaffen des Holzes hergestellt sein mögen. Die Bauern nennen den Wall den „Zwinger". Wo man an dem Wall nachgräbt, findet man wenigstens einzelne Gefässcherben, Thierknochen und Holzkohle.

Die übrigen Funde erweisen, dass die Anlagen grossentheils in die vorrömische, aber immerhin in eine relativ hochentwickelte Culturperiode hereinragen, die in Krain mit der Hallstätter Periode übereinzustimmen scheint. Scherben, Knochen, Holzkohlen sind überall die Zeichen der alten Anwesenheit des Menschen auf den Berghöhen, die einst derartige „Befestigungen" getragen haben. Die Fundgegenstände befinden sich hier in einer oft bis zu 1 m mächtigen Culturschichte, welche Fraas*) als „Schwarzerde auf den Höhen der Berge“ bezeichnet. Auch seiner Meinung nach haben die Menschen dort nicht dauernd gewohnt, sondern da, wo sie ihre Felder bauten und Ackerbau trieben. Es widerstreitet ihm der Gedanke, dass ein Volk, das Weizen und Lein baute, anders als nur zu gewissen Zeiten, etwa bei besonderen Festlichkeiten, bei Opfern, Märkten und dergleichen auf den Berggipfeln von den Stürmen sich durchblasen liess.

Höchst beachtenswerth sind die in Deutschland und Österreich bisher namentlich vielfach in einst oder dauernd von Slaven besetzten Gegenden auf Berghöhen gefundenen Brand- oder Schlackenwälle, welche Virchow**), der das Studium derselben vorzüglich gefördert hat, als Glasburgen benennt. Sie sind in Schottland (als vitrified forts oder sites) schon seit der Mitte des vorigen Jahrhunderts bekannt.

Es sind Steinwälle, bei welchen die Steine, aus denen sie errichtet sind, in geringerer oder grösserer Ausdehnung gebrannt, oder wie der alte Ausdruck lautet, „verglast“ sind. Während früher mancherlei Zweifel darüber herrschten, ob die Schlacken nicht möglicher Weise als natürliche Producte anzusehen seien, oder ob sie ihre Entstehung nicht einem blossen Zufall verdanken, so sprachen sich doch schliesslich die sorgfältigsten Untersucher für die künstliche Erzeugung derselben, zum Zweck der weiteren Festigung des Walles, aus.

Häufig, sagt Virchow, kommen diese Umwallungen auf der Höhe an sich schwer zugänglicher Berge vor. Ihre Ausdehnung ist sehr verschieden, und manchmal zeigen sich die Brandspuren nur an gewissen Stellen des Walls. Bei einzelnen bildet die Schlackenmasse die Basis des Walls, bei anderen findet sie sich mehr an der Aussenwand, während sie im Übrigen durch unveränderte d. h. nicht verglaste Steine oder erdige Umhüllungen verdeckt ist.

Virchow untersuchte sehr sorgfältig den Brandwall auf dem 988′ hohen steilabfallenden basaltischen Stromberg bei

---

*) Correspondenzblatt a. a. O.

**) Zeitschrift für Ethnologie, 1870. Sitzungsberichte der Berliner anthropologischen Gesellschaft 14. Mai 1870. S. 257.

Weissenberg in der Oberlausitz (Tafel 28). Der umwallte Raum bildet ein unregelmässiges Halboval; der Wall selbst stellt einen länglichen Halbkreis dar, während der freie Rand des Berges in einer nur wenig gekrümmten Linie verläuft. In querer Richtung (NNO — SSW) misst der Innenraum 73, in senkrechter (WNW — OSO) 41 Schritte; die Länge des Walls be-

Tafel 28

Ringwall, Schlackenwall auf dem Stromberg bei Weissenberg nach R. Virchow.

trägt etwa 200 Schritte. Letzterer ist von sehr verschiedener Höhe. Nach S. zu verflacht er sich, nach W. steigt er allmählich bis zu einer Höhe von 3—5′ an, gegen NO wird er noch etwas höher. Äusserlich ist er, wo er nicht durch Ausbrechen und Grabungen angegriffen ist, überall mit kurzem Rasen und darunter mit schwarzer Erde bedeckt. Nach aussen fällt er steil ab, nach innen ist er sanft abschüssig. Auf diese Weise entsteht eine grosse, kesselartige Vertiefung, welche gegen den Ostrand ansteigt und unmittelbar hinter dem Westrand am tiefsten ist.

Virchow untersuchte die Beschaffenheit des Bodens und des Walls an 8 Stellen. Innerhalb des Raumes fand sich nichts als schwarze Erde und zahlreiche (durch Feuer) rothe Basaltstücke. An dem freien Rand in der Nähe des Signalsteins (in der Fig. oben rechts) kamen kleine Holzkohlenstücke, rothgebrannte Erde und äusserlich durch Feuer geröthete Basaltstücke zu Tag. Am südwestlichen Rand stiess man auf eine grosse Brandstelle mit zahlreichen, bis über faustgrossen Stücken von noch fester Eichenkohle, welche zwischen grossen, äusserlich geschwärzten Basaltstücken, von schwarzer Erde bedeckt, bis zu einer Tiefe von 2′ lagen, ohne dass jedoch die Steine erhebliche Brandspuren zeigten. Nach N. bestand der Wall gleichfalls aus Erde und Steinen, zwischen denen jedoch poröse Schlacken vorkamen. An der nordöstlichen Ecke lag viel schwarze Erde; die Steine waren gebrannt, stellenweise sogar porös. Gegen NNW. dagegen, in der Richtung gegen den Sattel des Berges hin, fand sich in längerer Erstreckung der eigentlich verschlackte Theil des Walls. An dieser Stelle wurde nicht ohne grosse Schwierigkeiten ein vollkommener Durchschnitt durch den Wall gemacht. Der Wall zeigte hier an der Basis eine Breite von 15′ und eine Höhe von 4—5′ über dem natürlichen Felsboden. Zu oberst unter dem Rasen und von humoser Erde durchsetzt lagen lose, theils unveränderte, theils gebrannte Basaltstücke in grosser Menge; in der Tiefe von $1^1/_2$ bis 2′ kam ein zusammenhängender Kern von Brandmassen, die fast durchweg, jedoch verschieden fest zusammenhingen. Dieser Kern hatte sehr verschiedene Breiten und Höhen. An einer Stelle war er nahezu 4′ breit und $2^1/_2$ bis 3′ hoch, so dass er nach völliger Blosslegung wie eine mächtige gebackene Mauer aussah, allein sehr bald verschmälerte sich diese Mauer und lief in eine Art Spitze aus, neben welcher sich jedoch schon wieder der Anfang einer neuen Mauer zeigte. Nach der äusseren Seite des Walls war der Brand offenbar stärker gewesen, denn hier waren die Massen stellenweise völlig geschmolzen und geflossen.

Dabei zeigte es sich, dass innerhalb der gebrannten Masse selbst zahlreiche kleinere und grössere, meist länglich-eckige Höhlungen oder Lücken vorhanden waren, deren Untersuchung bei Virchow die Überzeugung feststellte, dass wenigstens ein grosser Theil derselben dadurch entstanden sein müsse, dass Holz zwischen die Steine gesteckt und durch den Brand zerstört worden sei. An zahlreichen dieser Höhlungen zeigt die innere Oberfläche deutlich die Abdrücke von Holzstücken. Ja es fanden sich mitten in einem grossen zusammengebackenen Klumpen in einer tiefen gangartigen Aushöhlung einige Esslöffel voll pulveriger Holzkohle. Fast sämmtliche Höhlungen sind aber an den Stromberg-Schlacken ihrer Gestalt nach nicht auf natürliche Formen der Äste oder Stämme zu beziehen, sondern die Abdrücke in den Schlacken zeigen vielmehr künstlich gespaltene oder durchhauene Holzstücke, in der Regel wahre Holzscheite mit ganz glatten Längsflächen und schräg oder rechtwinkelig daranstossenden Endflächen, Querschnitten.

Es ist charakteristisch und mehrfach beobachtet, dass in der Nähe der Ringwälle keine Möglichkeit Trinkwasser zu bekommen gegeben war, so dass solche Plätze niemals als dauernde Ansiedelungen oder nur Vertheidigungsanlagen gedient haben können; auch auf dem Stromberg fehlt Trinkwasser.

Virchow hält die Erdschanzen und Burgwälle in dem von ihm untersuchten Gebiet Norddeutschlands nach Analyse der in ihnen gefundenen Reste von Bewohnung für slavischen Ursprungs, während er die Stein- und Brandwälle einer germanischen oder vorgermanischen Bevölkerung zuschreiben möchte.

In anderen Gegenden wird sich vielleicht die Frage nach dem Herkommen analoger Wälle anders lösen.

Dass auch im eigentlichen Hochgebirge derartige prähistorische Wallanlagen sich finden, zeigt z. B. die Beobachtung Much's*) der in der Nähe des Bergwerks auf dem Mitterberg ein Bauwerk aufgefunden hat, welches in diese Gruppe gehört. Es besteht aus einem tumulus-ähnlichen Felskegel, der einerseits von einem steilen Abgrund, andererseits von einem doppelten Ringwallsegment umschlossen ist. Es steht in unzweifelhafter Beziehung zu dem Bergwerk, sei es als Cultusstätte oder, was wohl wahrscheinlicher, als Festungswerk, um die aus dem Salzachthal zu den Erzlagern führenden Thal- und Bergpfade zu sperren.

Für die wissenschaftliche Verwerthung derartiger Beobachtungen ist selbstverständlich zunächst wieder eine genaue kartographische Orientirung, Angabe des Flur- oder Waldnamens und

*) a. a. O.

des Namens der Schanze selbst, sodann Planaufnahme, womöglich mit landschaftlicher Zeichnung, erforderlich. In die Planaufnahme gehört auch ein Durchschnitt mit Angabe der Böschungsmaasse. Weiter sollte gemessen werden die Breite und Tiefe eines etwaigen Wallgrabens von der äusseren Ebene, dann die Wallhöhe von aussen, eventuell vom Graben, und von innen, die Walllänge, womöglich auf dem Rücken des Walles abgemessen. Eine nähere Beschreibung des Walles hat, abgesehen von seiner Form, ob drei- oder viereckig, kreis- oder eirund oder unregelmässig etc. darüber Aufschluss zu geben, ob der Wall allseitig geschlossen oder ob er, und dann an welchen Stellen, offen ist. Dabei ist nach etwaigen Mauerresten, ob ohne oder mit Mörtel hergestellt, zu suchen, die Grösse und etwaige Bearbeitung der Steine, das Material der letzteren zu beachten und nach etwa dort schon gemachten Funden zu forschen.

In einigen Gegenden Deutschlands hat man auch alte Waldverhaue, Baumschanzen aufgefunden, die man in graue Zeitfernen zurückverlegen möchte. Auch solche Vorkommnisse wären zu beachten und den Baumarten aus denen sie bestehen sowie dem muthmasslichen Alter der Bäume selbst Aufmerksamkeit zu schenken. Strabo berichtet z. B., dass am Ardennenwald lebende Völkerstämme die Gewohnheit hatten, bei feindlichen Anfällen die Ruthen von dornigen Gesträuchen in den Waldpfaden zusammenzubinden, um das Vordringen zu verhindern.

2. Römerwälle und Schanzen und ihre Unterscheidung von analogen militärischen Anlagen „barbarischer Völker."

Von den nach allen Regeln der Kriegskunst angelegten Erdwerken der Römer sind die eben besprochenen Bauernburgen gewöhnlich schon äusserlich leicht zu unterscheiden.

In Beziehung auf die Beschreibung der römischen militärischen Erdbauten folgen wir vorzüglich den Darstellungen der Geschichte des Kriegswesens von Max Jähns.

Befestigte Lagerplätze und analoge fortificatorische Anlagen aus der Römerzeit haben sich in grosser Anzahl in allen jenen Gebieten in ihren Resten erhalten, in welchen die Römer vorübergehend oder bleibend Fuss gefasst haben.

Es rührt das davon her, dass die Römer seit dem ersten gallischen Krieg den Gebrauch angenommen hatten, dem sie bis in die späten Zeiten des Kaiserreichs treu blieben, ihre ganze Taktik, ja selbst die täglichen Märsche durchaus auf befestigte Lager zu stützen Man unterschied im allgemeinen Winterlager (castra hiberna), welche als Winterquartier dienten, von den Sommerlagern (castra aestiva), welche am Abend jedes Marschtags neu errichtet wurden.

Ursprünglich sollte das Lager ein Quadrat bilden mit der Frontseite nach Osten. Sehr häufig wurde aber das Lager in der Gestalt eines Rechtecks angelegt, für dessen Frontseite jene galt, welche für Zufuhr und Wasserholen am bequemsten oder dem Feind zunächst gelegen war, stets aber eine der kurzen Seiten des Rechtecks. Durch die Linienrichtung des »cardo« wurde das Lager im Innern der Breite nach, durch die Linienrichtung des »decumanus« der Länge nach getheilt. Vor der Front des »Prätoriums«, der Wohnung des Obergenerals, einem Quadrat von 200′ Seitenlänge, läuft die 60—100′ breite Hauptstrasse des Lagers, die „via principalis“, deren Mittellinie der „cardo maximus“ ist, und welche das Lager in eine vordere und hintere Hälfte theilt. Senkrecht auf den Mittelpunkt des cardo maximus, welcher vor dem Eingang des Prätorium's angenommen wurde, wurde der „decumanus maximus“ gezogen, und auf ihm eine zweite 40—50′ breite Strasse angelegt, welche das Lager in zwei seitliche Hälften schied. In den durch diese Hauptstrassen abgegrenzten Lagerabschnitten befanden sich die Zeltreihen in ganz bestimmter Anordnung und durch eigene Strassen noch weiter eingetheilt. Der Wall, der das Lager umgab, lag nicht unmittelbar an den Zeltreihen, sondern von ihnen auf allen vier Seiten getrennt durch einen für die militärischen Bewegungen der Truppen erforderlichen freien Raum von 200′ Breite. Das Lager hatte normal vier Thore an den Enden der beiden sich rechtwinkelig schneidenden Hauptstrassen. Die beiden Seitenthore, in welche die via principalis mündete, hiessen „porta principalis dextra“ und „porta principalis sinistra“.

Das Thor der Frontseite wurde vermuthlich als „porta praetoria", das der Rückseite als „porta decumana" angesprochen.

Den Lagerplatz wählte man mit Vorliebe auf einem erhöhten Gelände an einem sanften Abhang und zwar so, dass man noch einen Theil desselben vor der Front behielt, welche immer an der niedrigsten Stelle des Castrum's lag.

Alle normalen römischen Verschanzungen bestanden aus dem Wall (agger) und dem vor ihm liegenden Graben (fossa), der als das Hauptvertheidigungsmittel galt.

Der Graben hatte eine obere Breite von 9, 12, 15—18′ bei entsprechenden Tiefen von 7, 9, 11—13′. Zuweilen kommen auch Grabentiefen von 15′ vor, denn die römischen Schanzbauer verliessen sich nicht ausschliesslich auf den Spaten, bei dessen alleiniger Anwendung schon das Ausheben von 9′ tiefen Gräben schwierig wird, sondern sie nahmen auch Tragkörbe bei Ausschachtung des Bodens zu Hilfe. Die gewöhnliche Form des Grabens (Tafel 29, Fig. 3) ist die „fossa fastigata", der Spitzgraben, bei dem $^1/_3$ der oberen Breite auf die Grabensohle, je $^1/_3$ auf Escarpe und Contrescarpe fällt. Ausserdem wurde noch die fossa Punica (Tafel 29, 1) verwendet, bei welcher die Contrescarpe senkrecht gehalten ist, und Cäsar wendete sogar Gräben mit zwei senkrechten Wänden (directis lateribus) an (Tafel 28, Fig. 2).

Die gewöhnliche Höhe des Walls (Tafel 29, Fig. 3) betrug wahrscheinlich $^2/_3$ der Grabenbreite. Die äussere Böschung war sehr steil und wurde meist mit Rasenstücken und Strauchwerk bekleidet. Bei bedeutenden Dimensionen des Walls zog man im Innern desselben der Länge nach mehrere Zäune von dichtem Flechtwerk, um den Druck der aufgeschütteten Erde von der Escarpe abzuhalten. Auf breite Wälle setzte man wohl, da vom Wall herab die Truppen kämpften, eine Brustwehr mit oder ohne Zinnen (Fig. 3). Die Brustwehr bestand entweder aus Palissaden oder aus Erde und dann meist aus Rasenziegeln.

Aber nicht die grossen Lager sondern die kleinen »Lägerchen«, die Castelle erscheinen namentlich in der späteren Kaiserzeit als die wichtigste und am häufigsten verwendete Befestigungsart.

In der späteren Kaiserzeit blieben selten noch ganze Legionen beisammen, die Zahl der detachirten Cohorten, der Vexillationes etc. nahm immer mehr zu, diese marschirenden kleineren Truppenabtheilungen bedurften daher auch nur kleinerer ver-

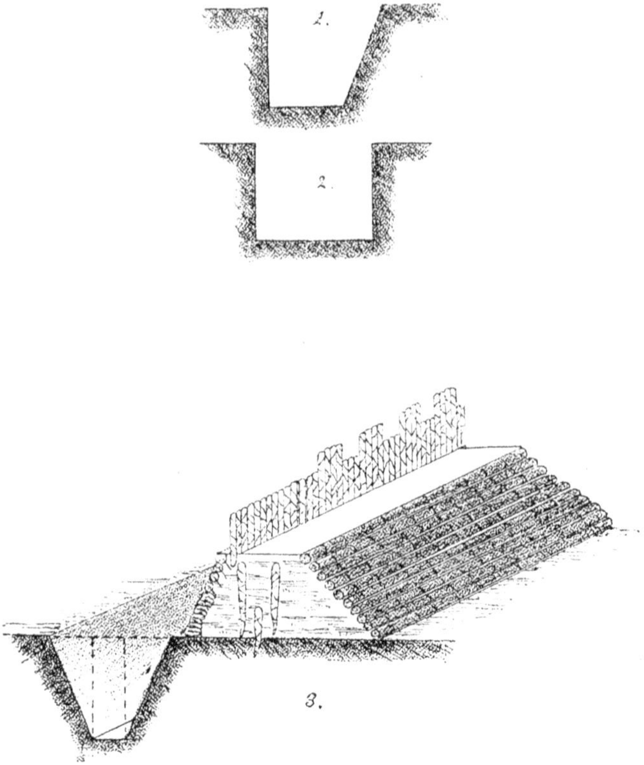

Tafel 29.

Römische Feldbefestigungen nach Jähns.

1. Graben mit senkrechter Contrescarpe (fossa Punica). 2. Graben mit zwei senkrechten Wänden (directis lateribus). 3. Die gewöhnliche Form des Grabens (fossa fastigata, Spitzgraben) mit dahinter befindlichem Wall mit bezinnter Brustwehr.

schanzter Lager, Castelle, ursprünglich kleine geschlossene Schanzen, welche aber in der Folge häufig für ständige Occupation stabil hergestellt und gemauert wurden, so dass der Begriff „castellum“ der einer kleinen permanenten Befestigungsanlage wurde (S. 374). Der Grundriss und die Grundeinrichtung der in ebener Gegend gelegenen Castelle entspricht denen des altrömischen Castrum's. Nur gelegentlich wurde später für einzelne Lager ausnahmsweise die Form des Dreiecks, des Kreises, des Halbkreises angewendet. Da wo das Castell auf dominirender Stelle, z. B. auf felsiger Anhöhe oder auf Inseln an Flussufern angelegt wurde, musste natürlich die Umfassung dem Rand der scharf bezeichneten Stelle folgen und, obwohl im allgemeinen mit mathematischer Genauigkeit angelegt, doch die alte rechteckige Form aufgeben.

Auch die Form des Grundrisses der später zu besprechenden Thürme aus der Römerzeit ist zwar gewöhnlich, aber keineswegs immer quadratisch, es kommen auch kreisrunde, ovale, polygonale und solche vor, welche nach aussen halbrund, nach innen viereckig sind. Viele dieser Thürme, welche in der Regel 25—30′ breit sind, wurden in der Folge als Kirchthürme benutzt, oder es wurden Burgbauten an sie angelehnt.

Bei der Untersuchung alter Erdbefestigungen tritt vor Allem die Frage, ob sie aus Römerzeit stammen oder vor- oder nachrömisch sind, an uns heran. Von den Alpenvölkern wird uns von den Römern berichtet, dass sie viele Burgen und Städte innegehabt haben, mehrere, wie z. B. Brigantium, Campodunum und Damasia in Vindelicien werden namentlich genannt.

Nur sehr schwer oder unmöglich ist es, Entscheidung darüber zu treffen, welchem Volk etwa die nicht-römischen Erdbefestigungen angehört haben.

Im allgemeinen lässt sich nach den Angaben in der Geschichte des Kriegswesens von Max Jähns etwa Folgendes bemerken.

Kelten wie Germanen und Slaven stimmten in ihren Erdbefestigungen darin überein, dass die Gestalt des Grundrisses derselben entweder unregelmässig, lediglich den Bedürfnissen der Localität angepasst, oder als geschlossener Kreis, Oval oder als offener Abschnitt von solchen erscheint, hie und da treten geschlossene mit offenen Umwallungen in Combination. Durch diese Form des Grundrisses unterscheiden sich diese nichtrömischen Erdbauten wesentlich von den römischen, welche, wie gesagt im Princip rechteckig, nur äusserst selten scharfe Winkel vermissen lassen.

Man kann die nichtrömischen, in Deutschland vorwiegend germanischen und slavischen, zu Vertheidigungszwecken errichteten Erdwerke als geschlossene Einzelwerke, Befestigungen von geeigneten Terrainabschnitten und Grenzwehren unterscheiden. Die Anlage dieser Befestigungen fasste vorzüglich eine überhöhte Stellung der Vertheidiger ins Auge. Steile hohe Terrassen wurden lediglich durch Abgrabung zu Vertheidigungspositionen umgestaltet, und nur an den nicht durch die Natur oder Abgrabung geschützten Stellen wurde ein Wall aufgeworfen, der aus Rasenstücken, zusammengelesenen Steinen oder aus Erde bestand. Nicht selten liegen mehrere Wälle hintereinander.

Die eigentlichen Ringwälle liegen meist auf den Gipfeln isolirter Höhen. Steinringe (Tafel 30) finden sich nur da, wo so viel Trümmergestein herumliegt, dass es leicht zusammengelesen und aufgethürmt werden konnte. Die Steine zu den Ringwällen sind stets nur gesammelt. Cohausen nennt diese Anlagen „Wallburgen", der Volksmund bezeichnet sie theils als Heunenburgen und Hühnenringe, theils als Alteburg, Burg, Birg etc.

Sehr viel häufiger als Steinwälle haben sich Erdschanzen (Tafel 31) aus der Urzeit erhalten. Sie kommen theils mit Graben, theils ohne einen solchen vor, hie und da liegt der Graben hinter dem Wall. Im allgemeinen nimmt man an, dass die Erdwallanlagen wie die Steinwälle ohne Graben, da sie leichter herzustellen sind, indem sie lediglich durch Aufschichtung von Rasen gebaut erscheinen, älter sind, als die mit Graben versehenen, welche bessere und vielfältigere Werkzeuge, Hacken, Spaten, Körbe etc. zu ihrer Herstellung erfordern.

Geschlossene kreisrunde oder ovale Erdwälle finden sich meist in ebenen, an grösseren Flüssen armen Landstrecken vor, wo also ein Schutz durch das Terrain nicht benutzt werden konnte, sie sind meist von geringerer Höhe als die offenen, halbrunden Erdwerke. Bei den eigentlichen Ringwällen wird von dem sehr verschieden hohen und breiten Erdwall ein meist ebener Kessel umschlossen, der gewöhnlich über dem Niveau des angrenzenden Geländes liegt, hie und da aber auch noch

Tafel 30.

1. Steinwall auf dem Radelstein im Böhmischen Mittelgebirge. 2 Construction des Steinkreises auf dem Hochstein in der Lausitz. Nach Jähns.

Vertiefungen und Erhöhungen, ja Terrassen erkennen lässt. Der Innenraum ist sehr verschieden gross, er kann bald 1000 und mehr, bald nur etwa 100 Menschen fassen, der Durchmesser dieser Schanzen wechselt danach von einigen 20 bis zu mehreren hundert Schritten. Die Abdachung des Ringwalls nach aussen ist 25—40 Grad und verläuft innen bald steil, bald flach. Bei einigen derartigen Schanzen beobachtet man einen niedrigen

Vorwall. Fast niemals finden sich Spuren alter, in den Wall eindringender breiter Wege, meist laufen nur schmale Fusspfade, gewöhnlich an den von der Natur am besten gegen feindlichen Angriff geschützten Stellen den Wall hinan.

Häufiger als die Ovalform kommt bei den geschlossenen Werken die Kreisform vor.

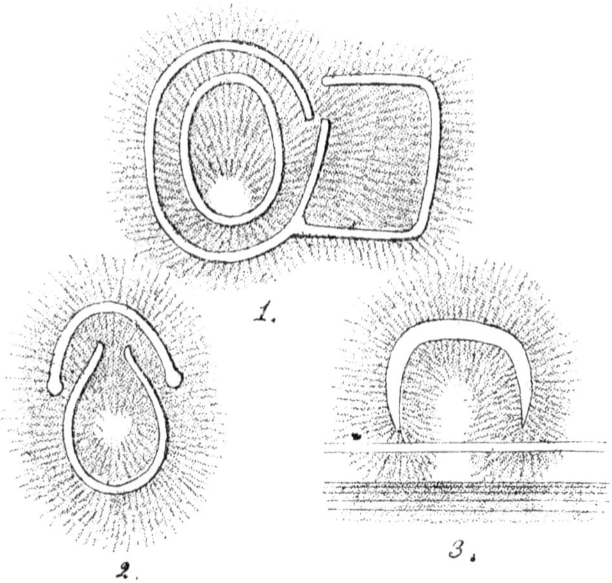

Tafel 31.

Ringwälle im Grundriss.
1. Ringwall aus rohen Steinen ohne Graben auf dem Altkönig im Taunus nach v. Cohausen. 2 Ringwall mit Vorwall bei Otzenhausen im Hochwalde nach v. Cohausen. 3. Grundriss der Halbkreisschanze an der „weiten Bleiche" bei Bautzen. Nach Jähns.

Die besonders bei grösseren Schanzen vorkommenden Vorwälle sind meist als Halbmond vor der Stirn des Hauptwalls angelegt. Bei kleineren Wällen findet sich so gut wie immer nur ein Wallgürtel.

Befestigte Terrain-Abschnitte haben meist Halbmondform. Sie liegen gewöhnlich auf Vorsprungskuppen, welche an drei Seiten steil abfallen und zugleich so hoch gelegen sind, dass sie einen weiten Überblick gestatten. In ebenen wasserreichen Gegenden lehnen sich die Schanzen häufig an Wasser oder Sümpfe an.

Manche Ringwälle können aber, wie schon oben bemerkt, unmöglich als kriegerische Werke angesprochen werden, da sie dazu theils zu klein erscheinen, theils von direct angelegenen Erhöhungen eingesehen und beschossen werden können. —

In flacheren Gegenden Deutschlands ziehen sich „Landwehren“, d. h. niedrigere Erd- oder Steinwälle in geraden, krummen oder gebrochenen Linien zuweilen Meilen lang fort. Die Langwälle sind theils mit, theils ohne Gräben, manchmal liegen zwei, ja drei Wälle hintereinander. An militärisch bedeutsamen Punkten, namentlich wo die Langwälle Defiléen überschreiten, lehnen sie sich manchmal an geschlossene Werke an. (S. 382.)

3. Thürme und Mauerwerke.

Römische Bauwerke.

Von der Art und Weise der Erbauung von Wohngebäuden von Seite der prähistorischen Bevölkerung der Alpenländer war im Vorstehenden schon mehrfach die Rede.

Die Beschreibung der Stein-, Brand- und Erdwälle hat uns gezeigt, dass in grösserem Maasstab aufgeführtes eigentliches Steinmauerwerk wenigstens mit Mörtelbenutzung in jenen älteren Perioden ganz unbekannt gewesen zu sein scheint. Doch sind hierüber die Untersuchungen noch nicht geschlossen. Man hat in England Thürme und ähnliche Steinbefestigungen, welche man in die vorhistorische Periode zurückverlegt, und es wäre gewiss zu verwundern, wenn Völker, so weit schon in der Civilisation vorgeschritten, wie sich uns die vorrömischen Alpenbewohner z. B. um Hallstatt zu erkennen geben, nicht auch in dieser Richtung sich versucht hätten.

Dass sie Begriffe von der Baukunst mit Stein besassen, lehren die Steinkammern in den Gräbern, die einfachen, oben besprochenen Bauten an den Kupfer-Schmelzöfen. Doch sehen wir stets an Stelle des Mörtels, wie bei den Reisig- und Holz-

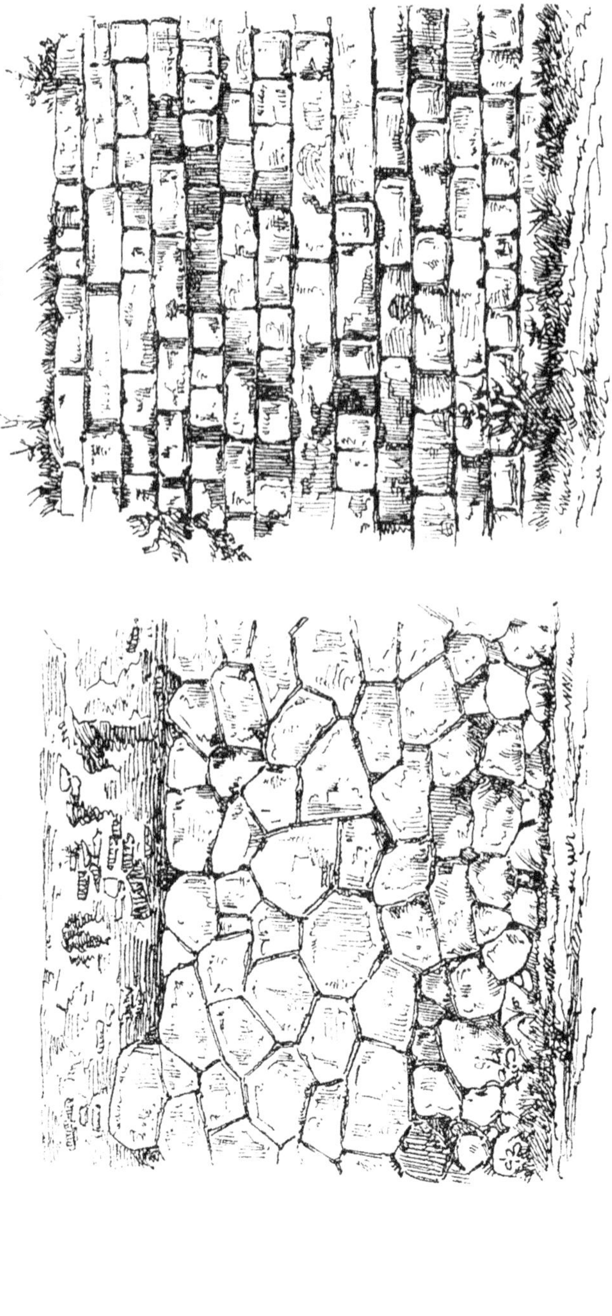

Tafel 32.

Alt-italische Mauern.

1. Stücke von dem jüngeren Mauertheil in Segni, Polygonalbau über ältere Mauerung. 2. Stück der Servischen Mauer am Aventin, ohne Mörtel, Horizontalbau Nach Fr. Reber.

bauten der Hütten, Lehm zum Verstreichen der Steinfugen verwendet, oder die Steine ohne allen Cement zusammengelegt.

In Beziehung auf die ältesten Mauerwerke der Mittelmeervölker (Tafel 32) wollen wir hier nur darauf hinweisen, dass nach Rebers*) Darstellung nicht nur in früheren Perioden, sondern bis Sulla und später Polygonalbau und Horizontalbau neben einander erscheinen, übrigens erscheint der erstere in seiner einfacheren Construction als sogenannte cyclopische Mauer wie in Griechenland so auch in Italien als der ältere. Rohe polygonale Blöcke, ohne weitere Bearbeitung, wie sie eben brachen, wurden unter ausfüllender Anwendung von kleineren Stücken, nicht ohne eine gewisse Tendenz zu einer horizontalen Schichtung, auf einander gesetzt. Jünger ist jener Polygonalbau mit einem berechneten netzartig genauen Gefüge, bei welchem nicht nur die Seiten der Polygone, sondern auch die Frontseiten in Flächen bearbeitet sind.

Wo wir bei uns Mauerwerk mit Verwendung von Mörtel finden, haben wir frühestens ein Werk aus der Zeit der Römerherrschaft vor uns. In älterer Zeit bauten auch die Römer ohne Mörtel; bei der berühmten aus Quadern bestehenden Servischen Mauer Roms sind die Quadern ohne Mörtel aufeinandergefügt, resp. aufeinandergeschliffen.

Man hat in den Alpen vielfach Steinbauten als Reste der Römerherrschaft gefunden. Es scheint wünschenswerth wenigstens einige genauere, von Abbildungen begleitete Angaben über römische Bauten zur etwaigen Beurtheilung von solchen Funden hauptsächlich nach F. Keller's Untersuchungen zu geben.

Über die Lage römischer Ansiedelungen lässt sich im allgemeinen nur so viel bemerken, dass nach Beobachtungen in anderen Theilen des Alpengebiets, nach F. Keller's Untersuchungen**) in der Schweiz, sich Reste römischer Ansiedelungen zum Theil in der Ebene der Thäler, an den Ausflüssen der Seen, den Ufern der Flüsse, überhaupt in wasserreichen fruchtbaren Gegenden gefunden haben, die sich sowohl zum

*) Geschichte der Baukunst im Alterthum.

**) Römische Ansiedelungen in der Ostschweiz. Mittheilungen der antiquarischen Gesellschaft in Zürich, Bd. XII und XV.

Betrieb der Viehzucht als des Ackerbaus vorzüglich eignen. Diese Niederlassungen haben sich augenscheinlich aus Ortschaften der Landeseingeborenen entwickelt und liegen an den uralten Verkehrsstrassen des Landes, den späteren römischen Heerwegen. Die Mehrzahl der römischen Ansiedelungen findet sich jedoch in verschiedener Höhe an dem Gehänge der Berge, welche offenere, mildere Thäler einfassen, vorzugsweise auf der mittäglichen Abdachung, öfter auf sonnigen Vorsprüngen der Hügel, die mit ihrer Aussicht die Umgegend beherrschen. Andererseits hat man aber auch Reste von römischen Niederlassungen auf Rücken von Bergen gefunden, welche sich 300 bis 400′ über die Thalsohle erheben, in steiniger, unfruchtbarer Localität.

Der Charakter und die Bestimmung der auf verschiedenartiger Örtlichkeit gegründeten Ansiedelungen lässt sich wenigstens zum Theil aus der Besichtigung der Trümmer und ihrer Lage feststellen. Ohne Mühe erkennt man meist militärische Stationen, Castelle, Wachtthürme und bürgerliche Ansiedelungen.

Die Castelle sind der Mehrzahl nach auf einem erhabenen Ort errichtet und mit mächtigen Befestigungsmauern gewöhnlich von regelmässiger Form umgeben.

Die Wachtthürme stehen auf Anhöhen und Berggipfeln, von denen man die Landesgrenzen oder den Lauf einer Heer- und Handelsstrasse überblickt. Es sind einzelne, von einem Wall und Graben geschützte Bauwerke.

Die bürgerlichen Niederlassungen theilen sich in Dörfer, offene Plätze (vici) und landwirthschaftliche Höfe (villae). Die ersteren finden sich ohne Ausnahme längs der bedeutenderen Strassen. Wir dürfen annehmen, dass sich hier die römische Lebensweise mit jener der Landeseingeborenen in grellen Gegensätzen vereinigte; mit Stroh gedeckte Lehmhütten der Urbewohner standen neben den nach italischer Weise aufgeführten und eingerichteten Wohnungen. Am zahlreichsten finden sich die Reste römischer Befestigungen an der ehemaligen Nord- und Ostgrenze des Römerreichs. Unter Augustus wurde die Basis dieser Vertheidigungslinie in ebenso einfacher als grossartiger Weise dahin festgestellt (Mommsen), dass sie von der Rheinmündung bis zum Bodensee dem Laufe des Rheins folgen, alsdann auf der kürzesten Linie die Donau erreichen und diese dann in der ganzen Länge ihres Laufes begleiten solle. Wie weit in der Nach-Augusteischen Zeit diese Grenze noch überschritten wurde, ist bekannt.

I. Römische Castelle.

Wir geben zunächst eine nähere Beschreibung einer solchen Befestigung. Überreste eines Römercastells finden sich nach F. Keller bei dem Städtchen Stein, bei welchem der Rhein aus dem Untersee abfliesst. Das südliche Ufer des Rheins steigt hier unmittelbar vom Flussbett zu einer Höhe von 20 m und zu einem Plateau auf, welches ohne Zweifel schon in prähistorischer Zeit zu einem befestigten Zufluchtsort eingerichtet war und wo sich auch die Reste des Castells finden.

Die Umfassungsmauern des Castells (Tafel 33) bildeten, nach F. Keller's Beschreibung, ein verschobenes Viereck, dessen Gestalt durch die Formation des Terrain's vorgeschrieben war. Jede Seite misst ausserhalb der Mauer etwa 325′, und das Ganze schliesst einen Raum von etwas mehr als 100 000 Quadratfuss ein. Die Mauer ist auf jeder Ecke durch einen runden, auf jeder Seite durch zwei halbrunde Thürme verstärkt. Ausserdem sind zum Schutz des Haupteingangs zwei viereckige Thürme als Propugnacula angebracht.

Die Umfassungsmauer hatte, soweit sich das feststellen liess, eine ungleiche Dicke. Auf der Nordseite nämlich, wo sie am Rande des 80′ hohen, sehr steilen Abhanges parallel mit dem Rhein hinläuft, aber mit Erde bedeckt ist, kennt man ihre Beschaffenheit nicht, auf der Süd- und Westseite scheint sie ursprünglich 10—11′, auf der Ostseite dagegen, wo sich der Castellplatz nur wenige Klafter über die Umgegend erhebt, etwa 16′ dick gewesen zu sein. Die Mauer ist wie alle späteren fortificatorischen Römermauern eine sogenannte Gussmauer (Tafel 34).

Der Kern der Mauer (Farctura oder Emplectron), d. h. die zwischen den regelmässig aufgeführten Seitenwänden der Mauer befindliche Ausfüllung ist Gusswerk und besteht aus verschwenderisch ausgegossenem Kalk, Sandkörnern und Brocken von Sand-, Kalk-, Tuff- und Kieselsteinen, von denen die letzteren

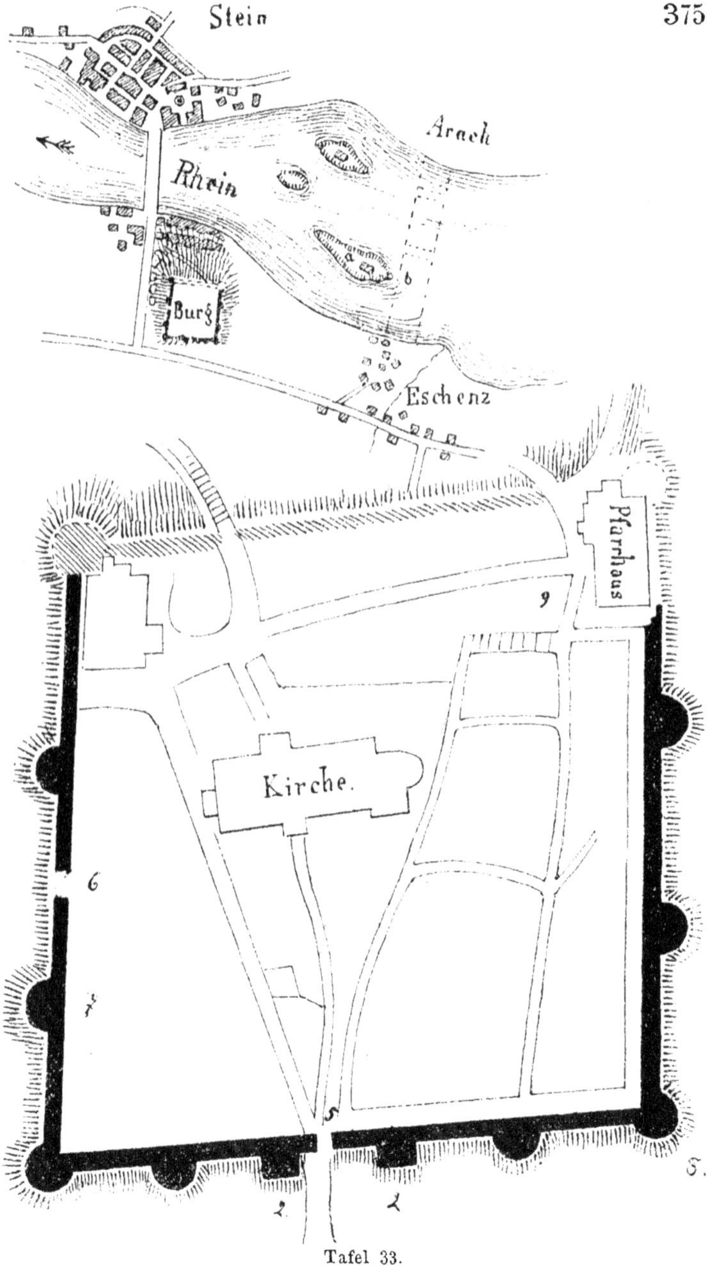

Tafel 33.
Römercastell Burg Stein am Rhein nach Fr. Keller.

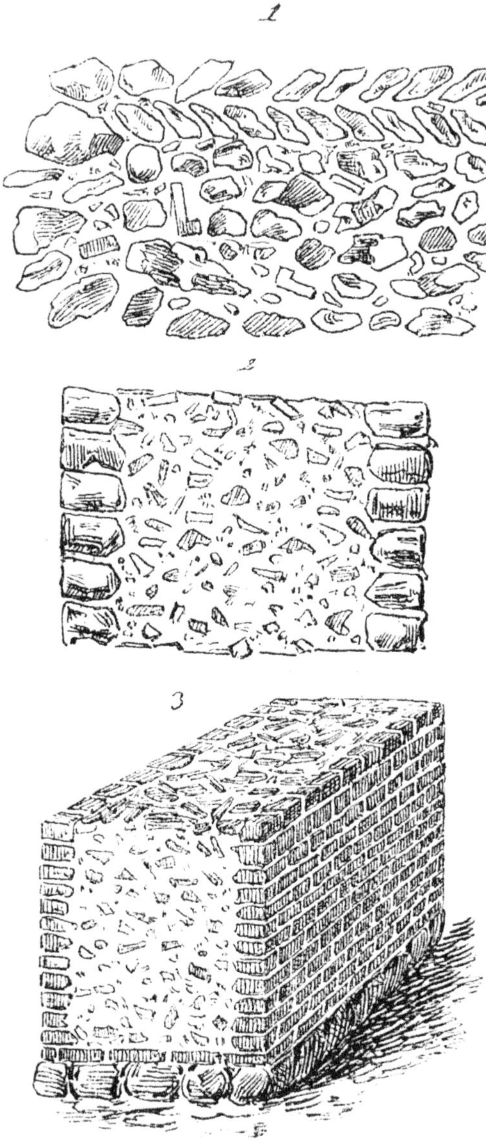

Tafel 34.

Römische Gussmauern.

1. Stück der Ringmauer von Vitudurum, Ober-Winterthur, nach F. Keller.
2. und 3. Gussmauern vom Castrum von Yverdon, nach L. Rochat.

oft sehr gross sind, ja 1—2 Centner an Gewicht erreichen. Bei späteren Römerbauten zeigen sich in solchen Mauerfüllungen öfter auch Bruchstücke gebrannter Steine und auch der Guss ist oft weniger sorgfältig ausgeführt, wodurch Zwischenräume und Lücken in ihm entstanden. Bei der Burg Stein bildet das Füllwerk der Mauer einen compacten, äusserst festen Körper, der an Härte und Dauerhaftigkeit fast dem Nagelfluhgestein gleichkommt. Die innere und äussere Bekleidung der Mauer besteht aus viereckigen Stücken Sand-, Kiesel-, oder auch Tuffstein von ungefähr 3—4″ Höhe und 6—10″ Länge in horizontal fortlaufenden Lagern und durch sehr breite Kalkfugen von einander getrennt. In dem Mörtel, der die Steine verbindet, findet sich keine Spur einer Beimischung von zerstossenen Ziegeln, wie man das anderwärts bei römischem Mörtel beobachtet hat. Die Eingänge, einst von grossen Quadern erbaut, sind verschwunden.

Von den Eck- und Seitenthürmen hat sich je einer in seinem untersten Stockwerk, welches mit dem inneren Raum des Castells auf gleicher Ebene liegt, erhalten. Die Seitenthürme treten in Form eines Halbkreises etwa 17′ über die Linie der Mauer hinaus, und schliessen einen sechseckigen Raum ein, dessen Wände gleich der Aussenseite der Mauer mit kleinen Steinen bekleidet sind. Der Boden dieses Raums ist mit Estrich ausgelegt. Der Eingang durch die 4′ dicke Thurmwand ist 3′ 4″ breit. Die Eckthürme sind ohne allen Zweifel auf gleiche Weise construirt und unterhalb der Ebene des Castells nicht wie an andern Orten hohl sondern massiv.

Aus Vergleichung mit besser erhaltenen Bauten dieser Art und aus den Andeutungen der römischen Kriegsschriftsteller geht hervor, dass auf der Krone der Mauer Zinnen aufgesetzt waren und sich hier der Wallgang befand, auf welchem sich die Vertheidiger postirten, hier stand auch eine gewisse Zahl von Ballisten, grossen Wurfgeschossen. Im gleichen Niveau mit dem Wallgang lag das zweite Stockwerk der Thürme, die dann mit ihrer Plattform und ihren Zinnen noch um ein Stockwerk hervorragten.

Unter den Alterthumsgegenständen, welche im Umfang des Castells gefunden worden, sind vor allem zwei römische

Inschriftsteine zu erwähnen, dann viele Münzen aus dem ganzen Verlauf der Kaiserzeit. Ausserdem Reste von Hausgeräth aller Art nebst Pfeil- und Lanzenspitzen aus Eisen, bronzene Schmucksachen wie Fibeln, Schnallen, Ringe u. dgl., auch ein kleines Kunstwerk aus Bronze. Ariadne auf einem Panther gelagert. Unter den in römischen Anlagen gefundenen Objecten sind die Thonwaaren, die Scherben sogenannter aretinischer Töpferwaare, ausserordentlich charakteristisch, sie bestehen aus terra sigillata, der schön rothen Siegelerde, steinhart gebrannt mit einem glänzend rothen Überzug versehen. Ausserdem findet man „Heizröhren" aus Thon, feine Ziegel mit römischen Stempeln und vielfach mit der Bezeichnung der stationirten Legionen versehen (Tafel 37, 38). In Anlagen, welche einen grösseren Luxus zeigen, finden sich ausserdem Mosaikfussböden, Reste gemalter Wände, Marmorbekleidungen etc. etc.

In Betreff der Construction der römischen Mauern ist noch zu bemerken, dass die die äussere und innere Wandbekleidung bildenden Steine keineswegs immer viereckig zugehauen erscheinen. Bei rascher aufgeführten Bauten, namentlich aus der späteren Zeit, wurden auch unbehauene Feldsteine oder Kieselsteine und Bruchstücke von gebranntem Thon z. B. von gebrannten Platten, Heizröhren, Dachziegel, letztere wenigstens als Einschiebsel verwendet. Die unbehauenen Steine bilden dabei auch fortlaufende Horizontalreihen, durch reichlichen Mörtel verbunden, stehen aber hie und da nicht senkrecht sondern ährenförmig (Tafel 34, Fig. 1) an einander gereiht. Am Sockel der Mauer sind meist grössere Steine verwendet.

II. Römische Warten, speculae.

Überall an den Grenzen des Reichs, namentlich aber längs den Heerstrassen legten die Römer Wartthürme an, bald einzeln, bald reihenweise, immer aber in einer offenen Gegend oder auf Anhöhen und Bergen. Sie hatten die Aufgabe, durch gewisse Zeichen, hauptsächlich durch Feuer- und Rauchsignale die Bewohner des Landes oder die benachbarten Garnisonen von einem wichtigen Ereigniss, etwa von dem Anmarsch von Feinden in Kenntniss zu setzen.

1.

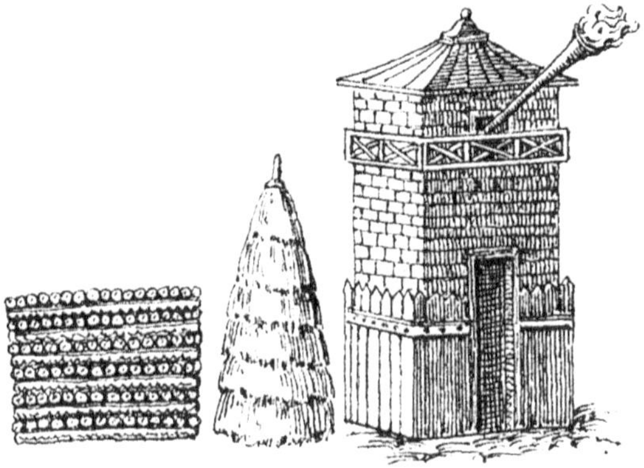

2.

Tafel 35.

1. Abbildung eines römischen Wartthurms von der Trajan's-Säule in Rom, daneben Heustock und Scheiterhaufen. 2. Reconstruction des römischen Wartthurms auf dem Biberlikopf, nach F. Keller.

Die Warten bestanden aus einzelnen Thürmen, welche durch Wall und Graben oder ein Palissadenwerk geschützt waren und eine kleine Besatzung aufnehmen konnten. Die auf der Trajanssäule in Rom (Tafel 35, Fig. 1) abgebildeten Wartthürme erscheinen aus Stein erbaut von Palissaden umzäunt und haben ein oberes Stockwerk mit einer hölzernen Gallerie für die Wächter. Neben den Thürmen ist ein Heustock oder ein Scheiterhaufen dargestellt, welche dazu dienten, bei Tag durch ein Rauchsignal, bei Nacht durch Feuer Allarm zu verbreiten.

F. Keller beschreibt eine gut erhaltene römische Warte auf dem Biberlikopf, einem nahezu 500′ sich erhebenden in das Thal ziemlich frei vorspringenden Hügel mit umfassender Aussicht, an dessen Fuss sich auf der Südseite die römische Strasse von Walen- nach dem Zürichsee hinzieht (Tafel 35, Fig. 2). Der Gipfel des Biberlikopfs ist gegen O. vom Wesenerberg durch eine 40′ tiefe und in der Sohle 50′ breite Schlucht getrennt. Auf der entgegengesetzten Seite ist ein künstlicher Einschnitt von geringerer Dimension angebracht.

Die Trümmer des Thurms ragten vor der Untersuchung nur einige Fuss aus der Schuttmasse hervor und die Ringmauer war ganz mit Erde bedeckt. Der Thurm wurde im Innern gänzlich ausgeräumt, der Eingang geöffnet, der Hofraum in verschiedenen Richtungen durchgegraben und die Ringmauer blosgelegt.

Der Thurm selbst mit 29° Abweichung gegen O. bildet ein Quadrat von 30′ 6″ (N. Schweiz. Maass) auf jeder Seite. Seine Fundamente sind auf den Nagelfluhefelsen, woraus der Berg besteht, gesetzt, und haben einen treppenartigen Anlauf. Die an der Basis 7′ 4″ bis 7′ 8″ dicken Mauern sind auf der äusseren Seite grösstentheils aus 1/3 bis 1/2 selten einen ganzen Cubikfuss grossen, in wagrechten Schichten gelegten Kalksteinen aufgeführt. Diese Steine, deren Mehrzahl auf einer oder mehreren Seiten zurecht geschlagen worden, sind durch Mörtel verbunden und rühren von Findlingen her, welche auf dem Hügel sich abgelagert hatten. Die innere 2′ dicke Wand ist eine Gussmauer und besteht aus reinem Kalk, grösseren und kleineren Kalksteinsplittern, viel feinem Ziegelmehl und trotzt felsenhart allen Einflüssen der Witterung.

An der südöstlichen Seite des Thurms befindet sich zu

ebener Erde der Eingang, dessen Breite sich nicht mehr bestimmen lässt, da nur die eine Seite desselben einen scharfen Rand zeigt. Die Unebenheiten des Felsbodens waren hier mit Mörtel ausgeglichen, Thürschwellen und Pfosten sind nicht vorhanden. Der 15′ 5″ lange und breite innere Raum des Thurms ist durch eine 2′ breite, noch bis auf 3′ Höhe erhaltene Gussmauer so eingetheilt, dass auf der NO- und NW-Seite ein zusammenhängender 3′ bis 3′ 5″ breiter Raum von dem grösseren Raum abgetrennt ist. Der Boden dieser schmalen Abtheilung besteht aus Ziegelcement, ist 6″ dick und auf Steinplatten gelegt. Die Wände haben einen Bestrich und sind sauber verputzt. In dem Vorraum, der nicht ganz eine Quadratruthe Inhalt hat, bildet der Fels die Bodenfläche und zeigt sich kein Mauerbestrich.

Da eine Verbindung zwischen den beiden beschriebenen Räumlichkeiten nicht vorhanden war, so ist anzunehmen, dass man in die kleinere vom ersten Stockwerk aus hinabstieg. Vielleicht war der grössere Raum mit einem Tonnengewölbe bedeckt, in welchem sich eine Öffnung befand, durch die man vermittels einer Leiter, die bei einem Überfall zurückgezogen werden konnte, in das erste Stockwerk hinaufstieg. Von diesem aus gelangte man wiederum vermittels einer Leiter in den kleinern Raum, wo die Lebensmittel aufbewahrt wurden.

Die Ringmauer hat annähernd die Gestalt eines Vierecks, schliesst sich auf der nordöstlichen am steilen Abhang stehenden Seite des Thurms an diesen an, entfernt sich, wie es die Gestalt der Bergkuppe erheischte, gegen S. 18′, gegen W. 36′ und gegen N. 22′ vom Thurm und sitzt überall auf dem Fels. Ihre Dicke beträgt auf der nördlichen Seite 3′, auf den beiden andern 4—5′, ihre gegenwärtige Höhe ist noch bis zu 4′. Von einem Durchgang durch die Mauer zeigte sich, obwohl sie in ihrer ganzen Länge entblösst wurde, keine Spur. Diese Mauer besteht aus dem gleichen Baumaterial, das ebenfalls, wie bei den Aussenwänden der Thurmmauer, nur in wagrechte Schichten gelegt ist, jedoch sind im Kern (Gusskern) derselben die zur Ausfüllung benutzten Steine nicht sehr nahe an einander gereiht und der in Fülle verwendete Mörtel zeigt einen geringen Bestandtheil von Ziegelmehl. Ein ganz alter Fussweg führt auf der Nordseite bei einer 240′ unterhalb des Thurms befindlichen Quelle, wo ohne Zweifel die Besatzung desselben sich ihren Bedarf an Wasser holte, zum Gipfel hinauf. Nördlich von der Quelle bemerkt man zerfallenes Gemäuer, in dessen Nähe eine Kalkgrube entdeckt wurde. —

Als Landwehren aus römischer Zeit werden an verschiedenen Orten ausgedehnte Mauern und Erdwälle auf Berghängen, hie und da Plateaus umfassend oder als Thalsperren geeignet, bezeichnet. Auf ihren römischen Ursprung schliesst man aus ihrer Bauart, die, wo ein eigentliches Mauerwerk vorhanden ist, manchmal die Manier der Römer, die mit Quadern oder Feldsteinen in regelmässigen Horizontalreihen äusserlich belegte „Gussmauer“ zeigen, oder durch die Regelmässigkeit der Gräben und Wallanlagen eine Erbauung von Seite der Urbewohner auszuschliessen scheinen. In Beziehung auf das Letztere verweisen wir auf das oben bei den Wällen Gegebene.

Es verdient aber, wiederholt darauf aufmerksam gemacht zu werden, dass die römischen Befestigungswerke sich auch vielfach an die Terraingestaltung anschliessen und dadurch mehr oder weniger unregelmässigen Umriss erhielten.

Der offenbar im Zusammenhang mit der Römerzeit stehende Steinwall auf dem Odilienberg in den Vogesen unfern von Strassburg, ist eine aus grossen aber mörtellos übereinander geschichteten wohlbehauenen Sandsteinquadern gebaute Mauer, deren einzelne Steine durch „Schwalbenschwänze“ mit einander verbunden waren, für welche man die eingemeisselten Vertiefungen in den benachbarten Steinen noch vielfach findet, z. Th. haben sich auch die „Schwalbenschwänze“ selbst, aus Eichenholz bestehend, erhalten.

III. Römische Privatgebäude, Villen.

Auch für die Beschreibung der römischen Privatgebäude in den Alpenländern, namentlich der Villen, folgen wir den klassischen Untersuchungen F. Keller's*) in der Schweiz.

Das eigentliche Wohngebäude der Villen bildete in der

*) a. a. O.

Regel ein längliches Viereck mit halbkreisförmigen und rechtwinkligen Ausbauen. Die Räume, welche den Wohn- und Schlafzimmern entsprechen, mit der nöthigen Zugabe von Küche, Vorraths-, Wasch- und Badegemächern, sind ohne Symmetrie mit einander verbunden, jedoch öfter durch zwischen dieselben eingeschobene Höfe, Lichthöfe, oder durch halb oder ganz bedeckte Räume getrennt. Bei reichen Wohnungen finden sich manchmal die letztgenannten Räume an eine Ecke des Gebäudes verlegt oder die Sommergemächer durch lange Corridore mit dem Hauptgebäude verbunden. Wohn-, Speise-, Sommer- und Winterzimmer, welche sämmtlich keinen grossen Flächenraum hatten, lassen sich an ihrer Grösse, am Dasein von Heizvorrichtungen (Hypokausten), an ihrer Vollendung, Auszierung, Form meist leicht erkennen. Kleine, an die vorigen anstossende Gemächer von geringerem Aussehen pflegt man als Schlafzimmer zu betrachten. Badezimmer geben sich durch ihre Einrichtung kund. Räume, die alles Schmuckes entbehren, werden, wenn in ihnen Scherben kleinerer und grösserer Geschirre von sehr verschiedener Form und Qualität zum Vorschein kommen, für Kammern zum Aufbewahren von Lebensmitteln (apothecae), auch Öl und Wein (in Amphoren aufbewahrt) gehalten, eigentliche Keller gab es nicht. Ein Heerd mit Überresten von Koch- und Tafelgeschirr und der Vorrichtung zum Aufhängen von Töpfen bezeichnet die Küche; Werkzeuge von Eisen, wie Beile, Sägen, Bohrer, Nägel die Geräthekammern. Die am wenigsten ausgestatteten Räume werden als Gesindezimmer (cella servorum) gedient haben.

Die Bauart der Aussenwände ist manchmal der bei Militärbauten beschriebenen ähnlich, zu den Innenmauern wurden aber gebrannte Ziegel, hie und da vielleicht auch Flechtwerk, mit Thon nach Art der Landesbewohner verstrichen, benutzt. Nicht selten hatte die Aussenseite der Häuser einen geglätteten, auch angestrichenen Verputz. Die Innenwände waren häufig hübsch bemalt.

Der Fussboden bestand aus einem meist über eine Lage von Steinen ausgebreiteten Estrich aus Mörtel gegossen, der für die römischen Privatbauten von derselben Vortrefflichkeit angewendet wurde wie für Militärbauten. Indem in den Mörtel des Estrich kleine schwarze Flusskiesel eingelegt und dann geschliffen wurden, entstand ein kunstloses aber freundliches Mosaik, häufig finden sich aber auch sehr schöne Mosaikfussböden.

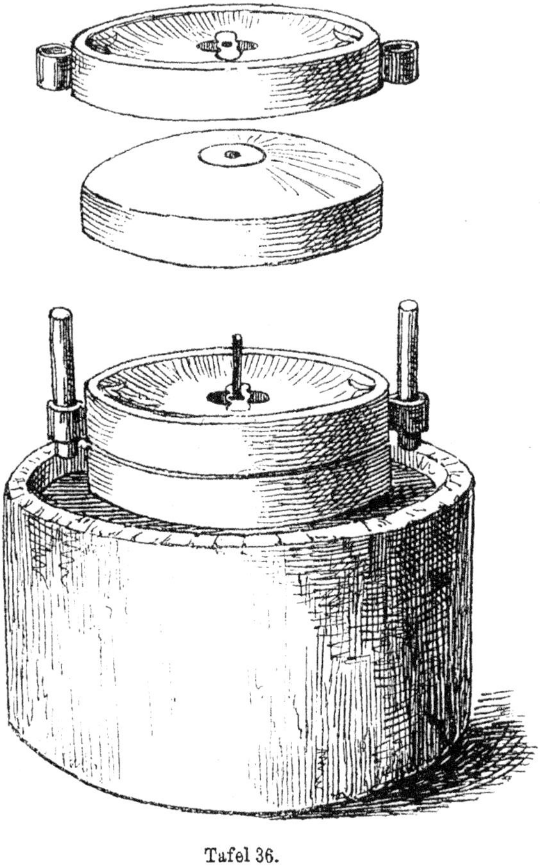

Tafel 36.
Römische Mühle, nach F. Keller.

Die Fensteröffnungen, meist sehr hoch angebracht, waren mit Glas geschlossen, wie die zahlreichen Fragmente von Glastafeln, die fast in allen Villen gefunden wurden, beweisen.

An die Küche schloss sich der Raum (pistrinum) an, in welchem Korn gemahlen und gestampft und Brod gebacken wurde, da man häufig in der nächsten Umgebung des Kochherds Handmühlen (molae) und Stampfmörser (pilae) antrifft. Die römische Mühle (mola) (Tafel 36) besteht aus einem oberen beweglichen runden Stein (catillus), der auf seiner oberen Seite zur Aufnahme des zu mahlenden Getreides etwas ausgehöhlt und häufig mit einen erhöhten Rand versehen, an der unteren aber mehr oder weniger concav zugehauen ist. Der untere feststehende Stein (Bodenstein, meta) ist auf der oberen Seite convex, unten plan Um ein Hin- und Herschwanken des oberen zu drehenden Steins (des Läufers) zu verhindern, ist quer über der Öffnung, durch welche das Getreide in den Zwischenraum zwischen die Steine hinabgleitet, ein Eisenband eingesetzt. Durch ein darin angebrachtes Loch dringt der senkrecht in dem unteren Stein befestigte eiserne Dorn, welcher beim Gebrauch der Mühle den Läufer in der rechten Lage erhält. An den Seiten des letzteren befinden sich an entgegengesetzten Stellen zwei eiserne Schlaufen, in welche die zum Umdrehen des Läufers dienenden Stücke gesteckt werden. Die Mühle stand auf einem Holzblock mit erhöhtem Rand, zwischen welchem und dem Bodenstein das über diesen herabfallende Mehl sich anhäufte.

Die römische Heizvorrichtung (Tafel 37), das Hypocaustum, war, nach der Beschreibung F. Keller's, zum grossen Theil unter dem Fussboden der Wohn- und Badezimmer angelegt. Auf einem unteren, oft aus Estrich bestehenden Boden, dessen Ebene eine geringe Neigung nach dem Heizloch besass, standen 2—3′ hohe Säulchen oder Pfeilerchen (pilae) auf welchen der obere Boden, der eigentliche Fussboden ruht. Die Säulchen wurden meist aus feuerfesten Backsteinen entweder von quadratischer oder kreisrunder Form mit Mörtel verbunden aufgebaut, manchmal sind sie auch aus feuerfestem Sandstein, oben und unten vierseitig, in der Mitte aber dünner und rund zugehauen. Auf diesen Säulchen, welche zu diesem Zweck noch eine Deckplatte trugen, lag der obere oder schwebende Zimmerfussboden (suspensura), der aus quadratischen Backsteinplatten besteht, die Ecken von je vier von ihnen laufen auf der Oberfläche der Säulchen zusammen. Der Backsteinboden ist dann mit Estrich, manchmal noch mit Mosaik gedeckt. Die Heizröhren (tubi)

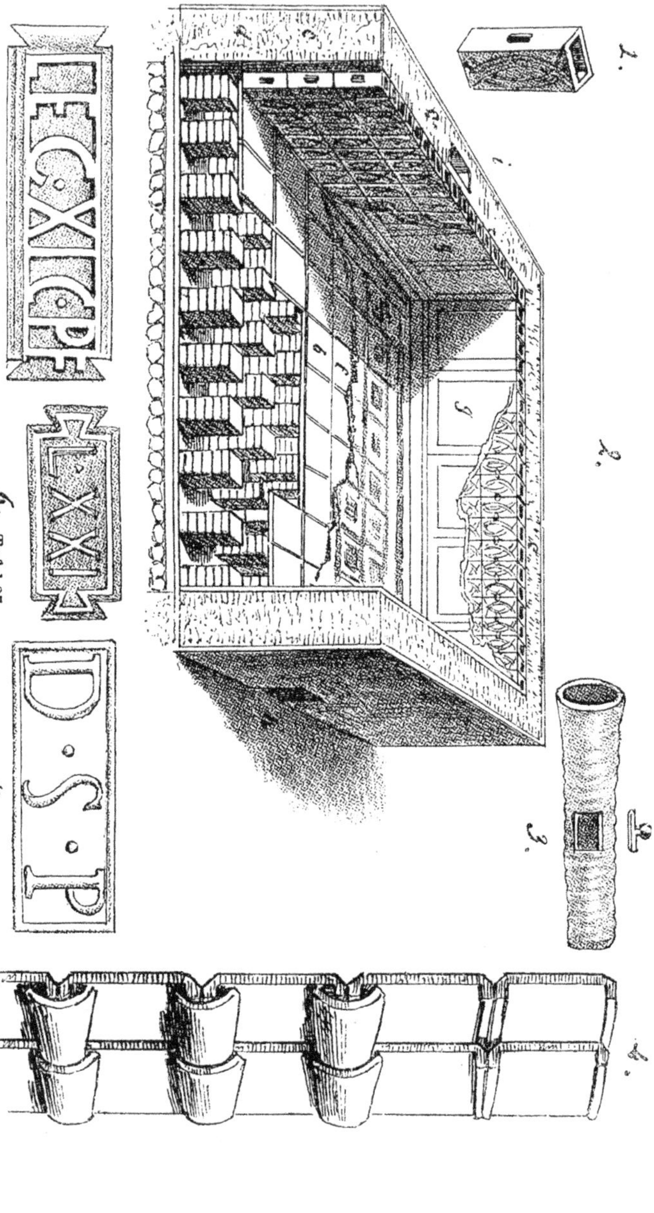

Tafel 37.

Römische Ziegel.

1. Heizröhre aus einem Hypocaustum. 2. Römische Heizvorrichtung, Hypocaustum, in einem Zimmer zu Kloten in der Schweiz. 3 Wasserleitungsröhre 4. Ziegeldach, Flachziegel mit aufgebogenen Seitenwänden, diese mit Hohlziegeln gedeckt. 5. 6. 7. Ziegel mit Legions-Inschriften Nach F. Keller.

(Tafel 37, Fig. 1) sind aus Thon verfertigt von rectangulärem Durchschnitt, 12—15″ hoch, 5—6″ breit und etwa 4″ tief. An den Aussenseiten sind sie, um das Anhaften des Mörtels zu erleichtern, durch gerade oder verschlungene Furchen rauh gemacht. In der Mitte der Höhe ist auf beiden Schmalseiten ein drei- oder viereckiges Loch angebracht. Die Bestimmung der Heizröhren besteht darin, die im Heizloch erwärmte Luft aufwärts und seitwärts im Zimmer zu verbreiten. Sie wurden daher senkrecht und dicht neben einander an der Zimmerwand aufgestellt und durch Mörtel und eiserne Haken an derselben befestigt. Bei dieser Anordnung treffen die seitlichen Öffnungen der Heizröhren genau aufeinander, wodurch eine innere Communication aller Glieder dieses Röhrensystems hergestellt wird. An den Seiten, welche mit Heizröhren belegt sind, berührt der obere Zimmerfussboden (die suspensura) die Wand nicht, sondern ist durch die untersten Heizröhren von derselben getrennt. Die letzteren ruhen entweder auf einem Absatz der Mauer oder häufiger auf dem Rand der suspensura, stehen also unten offen, so dass die unter dem Fussboden erzeugte Wärme in dieselben eintreten und sich an den Wandflächen verbreiten kann. Bald sind zwei, bald drei Seiten des Zimmers mit Heizröhren bekleidet, die zweifelsohne bis an die Zimmerdecke reichten. Für den Abzug des Rauchs zieht sich, von dem Zwischenraum der beiden Fussböden ausgehend, öfter ein viereckiges Rohr an der Wand des Zimmers zum Schornstein im Dach hinauf, oder es ist dazu ein Glied des Heizröhrensystems selbst verwendet. Jedenfalls musste das Rauchrohr durch irgend eine Vorrichtung geschlossen werden können, um nach dem Entweichen des Rauchs die Hitze in das Röhrensystem eintreten zu lassen. Das Heizen geschah durch das in der Abbildung an der rechten Seitenwand sichtbare Heizloch (praefurnium), welches zu ebener Erde, entweder im Corridor oder in der Küche oder ausserhalb des Hauses angebracht war. Im letzteren Fall erscheint es als ein kleiner, flach zugedeckter oder mit einem Backsteingewölbe versehener Anbau vor der Aussenmauer. In diesem 3—4′ langen backofenartigen Heizloch wurde der Brennstoff zum Zweck des Heizens verbrannt, so dass nur die dem Heizloch zunächst stehenden Säulen vom Feuer gelitten haben. Während des Sommers wurde das Heizloch von aussen vermauert. Die Heizröhren waren im Zimmer nicht bemerklich, da die von ihnen gebildeten Wandflächen ebenso verputzt und bemalt waren wie die anderen. Wie weit diese römische Heizvorrichtung unsere moderne durch Öfen übertrifft, liegt auf der Hand.

In der Nähe der Villen werden öfter Reste von einfachen Wasserleitungen entdeckt, aus platten Steinen und Ziegeln hergestellte Canäle von geringem Durchmesser oder noch öfter lange Ketten von thönernen Röhren (Tubuli fictiles) (Tafel 37, Fig. 3).

Das Dach wurde mit flachen, viereckigen Ziegeln mit zwei aufgebogenen, aufwärtsgestellten Rändern hergestellt. Da wo die Ränder der neben einanderliegenden Flachziegel („Leistenziegel“) zusammenstiessen, wurden sie mit dachförmig darüber gestürzten Hohlziegeln bedeckt (Tafel 37, 4). Die flachen Ziegel (tegulae) treten mit ihrem unteren schmäleren Ende zwischen die Leisten des folgenden Ziegels, den sie um $3\frac{1}{2}''$ überragen, und stützen sich auf einen Ausschnitt, welcher ihr Abgleiten verhindert. Die hohlen Ziegel (imbrices) sind so gelegt, dass der engere Theil sich oben befindet und das untere breitere Ende den folgenden Ziegel um einige Zoll überragt.

Der Thon zu den Ziegeln und Backsteinen der römischen Bauten ist fein und sehr sorgfältig zubereitet. Der Brand ist sehr vollkommen, was sich durch ungemeine Dauerhaftigkeit und Härte der Ziegel und den hell klingenden Ton beim Anschlagen zu erkennen gibt. Immer ist Thon gewählt, der sich roth brennt, so dass er offenbar hie und da von weither geholt werden musste.

Charakteristisch ist für die Funde aus der Römerzeit vor allem auch das z. Th. schon oben erwähnte Kleingeräthe; einige der häufiger vorkommenden Formen sind auf Tafel 38 zusammengestellt.

Allgemeines über römisches Mauerwerk.

In Beziehung auf das römische Mauerwerk in seiner verschiedenen Construction sollen hier zu dem bisher Gesagten noch einige ergänzende Angaben gemacht werden.

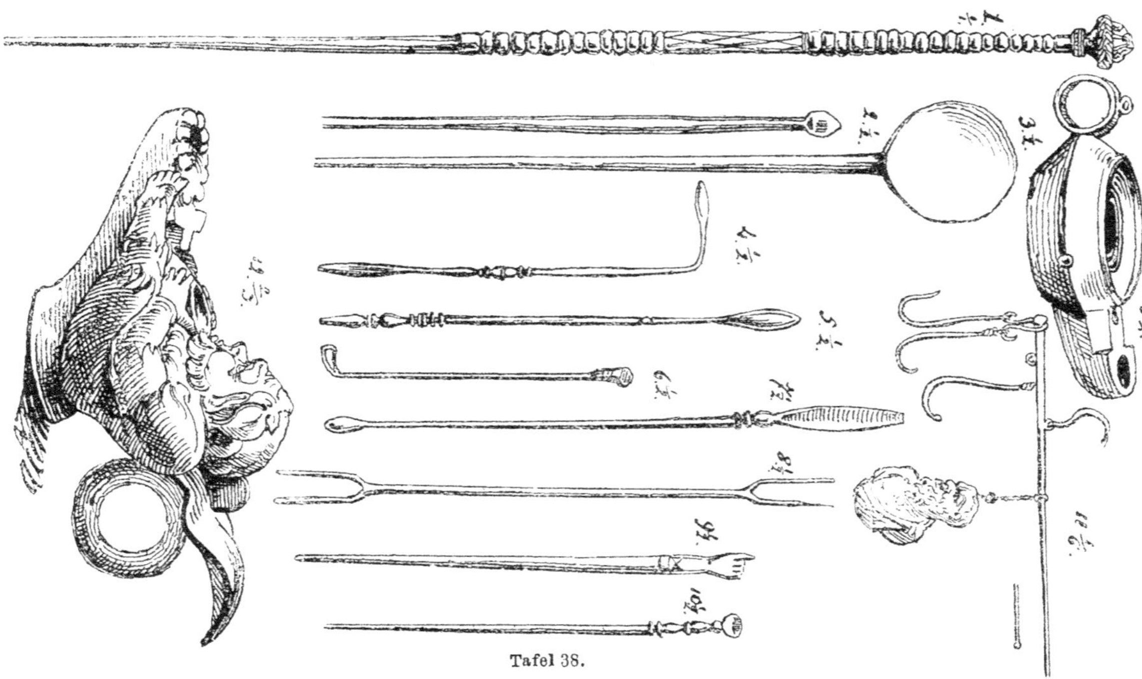

Tafel 38.

Römisches Kleingeräthe aus schweizerischen Fundorten, nach F. Keller.

1. Kleidernadel von Silber und vergoldet aus einem alemannischen Grab zu Eschenz. 2. Nadel aus Bein. 3. Nadel mit Löffelchen aus Bein. 4. 5. 6. 7. 10. Nadeln aus Bronze. 8. Stricknadel aus Bronze. 9. Schreibgriffel (Stylus) aus Bronze. 11. Römische Schnell-Wage, mit einem Silenus-Kopf als Laufgewicht. 12. 13. Römische Lampen.

Die ältesten Italischen Mauern*) sind wie die der Pelasger sogenannte cyclopische, theils aus riesigen Findlingsblöcken, theils aus polygonalen Bruchsteinen aufgeführt. (Tafel 32, Fig. 1.)

Das Mauerwerk aus Bruchsteinen und Mörtel wird als eine Erfindung schon des Serv. Tullius (Tafel 32, Fig. 2) bezeichnet. Nur die dünnen Mauern wurden seitdem massiv, die dickeren meist als Füllmauern oder Gussmauern, deren Beschreibung wir oben gegeben, ausgeführt. Immer bestehen sie im allgemeinen aus zwei Quaderfuttern, deren Zwischenraum mit kleinen Steinen ausgefüllt und mit Mörtel vergossen wurde Dabei erscheint aber der Mauerverband der Futtermauern in wesentlicher Verschiedenheit, wonach die Bauweise verschiedene Bezeichnung erhält. (Vgl. Tafel 34.)

1. Opus incertum oder antiquum hiess eine Bruchstein- oder Mollungsmauer nach Art der cyclopischen Bauten aufgeführt. Eine mit solchen Fronten versehene Gussmauer hiess caementicia antiqua.

2. Isodomum, Mauer mit gleichhohen Schichten von Werkstücken oder Ziegeln.

3. Pseudoisodomum, Quader- oder Ziegelmauer mit ungleich hohen Schichten.

Sind in 2 und 3 die Aussenflächen der Werkstücke in ihren rauhen Bruchflächen belassen, so wird dieser Verband mit dem Namen Rustica bezeichnet.

4. Opus quadratum, aus vollständig gearbeiteten Quadern ausgeführt, also zugleich isodomum. Man unterscheidet je nach der Grösse der Werkstücke grossen, mittleren und kleinen Steinverband

5. Opus reticulatum, Netzverband. Die aus vierseitigen Prismen bestehenden Steine sind so in den weichen Mörtel eingepresst, dass die Fugen sich kreuzen.

6. Opus spicatum, Ähren- oder Grätenverband, ursprünglich wohl nur in Ziegeln ausgeführt, wurde dieser später auch bei Verwendung namentlich von Flusskieseln angewendet. (Tafel 34).

---

*) Jähns a. a. O.

7. Als Opus mixtum werden solche vorwiegend gallo-römische Constructionsweisen bezeichnet, bei denen Opus reticulatum, kleiner quadratischer Steinverband, Opus incertum etc. mit eingesetzten Pfeilern und Schichten von Ziegeln oder Quadern wechseln.

Charakteristisch für die römischen Hochbauten ist die Wölbung der Thore und Decken. (Tafel 39, Fig. 1).

IV. Untersuchung der Römerbauten.

Bei Untersuchung alter, der prähistorischen oder der Römerperiode zugeschriebener Thürme wären etwa folgende Aufnahmen zu machen

Zuerst eine Zeichnung des Thurms, Planaufnahme und genaue geographische Orientirung des betreffenden Bauwerks, Messung der Höhe, Breite, Dicke der Mauer, Bestimmung der Richtung der Mauerseiten. Dann müsste die Steinart, aus welcher der Thurm gebaut ist, bestimmt werden, um das Vorkommen derselben in der betreffenden näheren oder ferneren Umgegend feststellen zu können. Die Bauart der Mauer ist selbstverständlich vor allem charakteristisch; ausser den oben über dieselbe gemachten Angaben über Gussmauern etc. wäre auch zu beachten, ob die die Mauern bildenden Steinlagen gleich hoch oder ungleich hoch sind. Auch hierfür wird eine genaue Zeichnung mit Maassangaben der Beschreibung beigegeben werden müssen. Ist der alte Eingang in den Thurm noch erkennbar, so muss derselbe genau beschrieben und messend aufgenommen werden, wie hoch die Schwelle vom Boden, wie die Decke des Eingangs hergestellt ist. Sehr bedeutsam ist auch die Einrichtung und Gestalt der inneren Räume (Tafel 39), ob und eventuell wieviel Stockwerke vorhanden sind oder nach den Spuren vorhanden waren, ob sich Nischen, Treppen, Kaminvorrichtungen in der Mauer finden, ob die Mauern gleich dick von unten auf sind, oder ob sie nur und dann um wie viel, nach oben zu an Dicke abnehmen. Manche Aufschlüsse ergibt hie und da auch der ortsübliche Name des Bauwerks. Selbstverständlich ist auch eine Angabe zu machen über die etwaige gegenwärtige Verwendung des fraglichen Bauwerks.

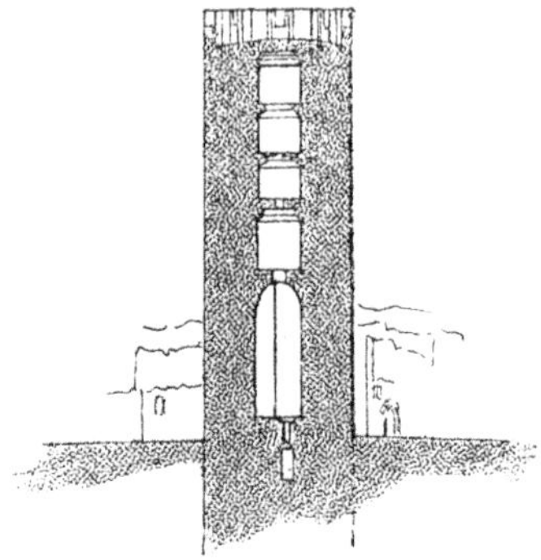

1.

Tafel 39.

Römerthürme.

1. Thurm der Römerfeste Steinsberg im Kraichgau, Baden, nach v. Bayer 2. Reconstruction eines Römerthurms nach Jähns.

3. Strassen aus prähistorischer und Römer-Zeit.

Von grösster Bedeutung für die älteste Culturgeschichte des Landes sind seine Verkehrswege.

Über die Verkehrswege in der vorrömischen Periode werden Aufschlüsse jetzt nur noch schwer erhalten werden können. Doch unterliegt es kaum einen Zweifel, dass die Römer bei dem Bau ihrer Strassen und Saumwege innerhalb des Gebirgs sich wenigstens vielfach an die alten Verkehrsbahnen angeschlossen haben. Es scheint das daraus hervorzugehen, dass die Römerstrassen und Wege mit so vollkommener Kenntniss der Alpennatur angelegt sind, wie sie nur die Alpenbewohner selbst besitzen können, welche alle Anforderungen an solche Verbindungen zwischen den einzelnen Ansiedelungen in guter wie schlechter Jahreszeit vollkommen kennen

Tafel 40.
Römischer Meilenstein, gefunden bei Baden in der Schweiz, nach F. Keller.

Die grossen Reichsstrassen der Römer, an denen sich ein System von Befestigungen und Wartthürmen hinzog und die mit Meilensteinen (Tafel 40) geziert waren, die oder deren Reste man vielfach findet, zeichnen sich namentlich in den stark bewohnten, reichen Gegenden am Rhein und der Donau durch eine grosse Solidität der Anlage aus. Gewöhnlich sind diese Strassen über dem Boden als „Dammwege" erhöht und vielfach mit Gräben versehen. Ihr Unterbau besteht oft aus massivem Steinbau, in sorgfältigster Weise chaussirt. Die beigegebenen Abbildungen von Römerstrassen am Rhein (Tafel 41, Fig. 1 und 5), sogenannte Kiesstrassen, zeigen (5) einen massiven, aus Kalksteinen mit Mörtel hergestellten Unterbau, auf welchen zunächst eine schmälere Schichte dicht geschlagenen Lehms, dann wieder eine dickere Schichte aus Kalkstein und Mörtel folgt, welche schliesslich noch mit einer durch Mörtel befestigten Lage von Kieselsteinen bedeckt wird In Abbildung 1 ist die Strassenunterlage behauene Grauwacke mit Mörtel, dann folgt eine dicke Lage gestückte Grauwacke mit Mörtel, dann eine schmälere von dichtgeschlagener Lehmerde, auf

1.

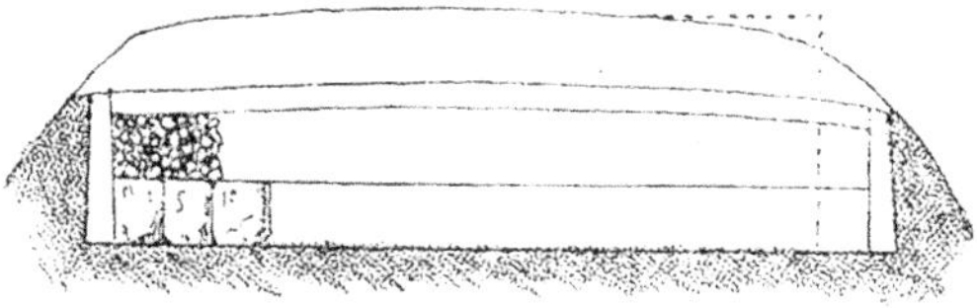

2.

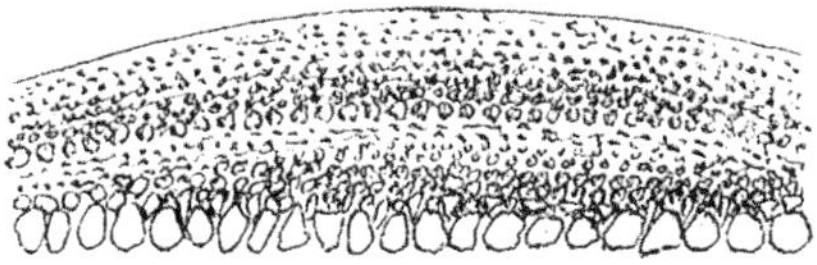

3.

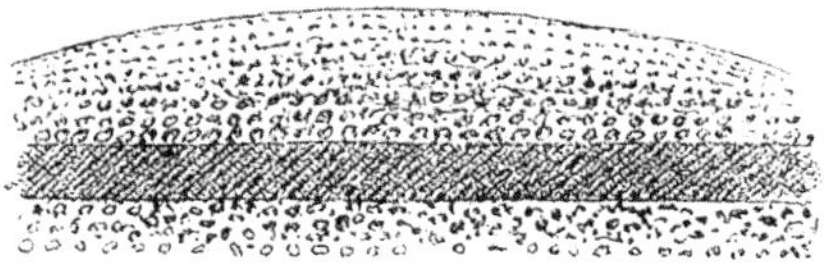

4.

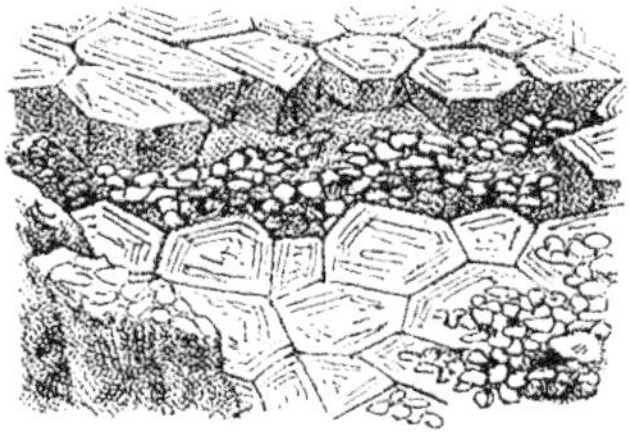

5.

Tafel 41.
Römerstrassen.
1. 4. 5. nach Jähns. 2. 3. nach F. Keller. 1. 5. Römerstrassen aus den Rheinlanden. 4. Pflaster der Appischen Strasse. 2. 3. Römerstrassen aus der Schweiz. 2. Profil der Heerstrasse zwischen Aventicum und Solodurum. 3. Profil der Vitudurum-Brigantia-Strasse.

welche schliesslich wieder die Oberflächenschicht aus Kies mit Mörtel folgt. Die grosse Appische Strasse in Italien zeigt bei Ariccia einen vollkommen als breite Mauer aufgeführten Damm, dessen Baumethode jener der oben beschriebenen militärischen Schutzmauern entspricht. Die Appische Strasse zeigt noch jetzt an vielen Stellen polygonales Pflaster aus Basaltblöcken (4).

In Baiern südlich der Donau sind nach Dahlem die römischen Strassen meist von Kies aufgeführt, zuweilen gröbere Bruchsteine darunter, stellenweise auch oberflächlich gemörtelt.

Die weniger begangenen Strassen, namentlich im Gebirge, sind oft mit geringerem Aufwand von Sorgfalt gebaut. Sie treten nur auf der Ebene als eigentliche „Dammwege“ hervor, wo sie sich am Gehänge der Hügel auf festem Grund hinziehen, bedurften sie keines regelrecht angelegten Unterbaues, sie sind dann meist nur durch Bekiesung des Tracé, vielleicht des aus frühester Zeit herstammenden Thalwegs, hergestellt. Von dem Bestreben, Weghindernisse zu vermeiden oder durch Abtragung oder Auffüllung eine horizontale Wegrichtung zu erhalten, was an anderen Orten die Römerstrassen kennzeichnet, zeigt sich bei den Gebirgswegen hie und da wenig oder nichts.

Die grosse Römerstrasse bei Kurzdorf in der Schweiz zeigte nach den Untersuchungen F. Keller's*) (Tafel 41, Fig. 3.) an ihrer Oberfläche ein sanftes Seitengefälle, eine Breite von 30—32′, eine Höhe von 3′. Ihr Fundament besteht nur aus festgestampftem Kies, ist aber sehr solid. Auf dieser Unterlage ruhen Schichten reinen Kieses, die durch Jahrhunderte langes Befahren eine solche Compactheit erhalten haben, dass sie nur mit Mühe vermittels des Karstes durchbrochen werden können.

Die Römerreste zwischen Avenches und Solothurn (2) ruht auf festem Lehm, auf welchen ein 9′ breites horizontales Steinfundament folgt, welches aus 22—24″ grossen, aufrechtstehenden Kieselsteinen besteht, deren Zwischenräume mit zerschlagenen Steinen ausgefüllt sind. Auf diese ungemein feste Unterlage sind Sand und Kies aufgeschüttet. Die obere

---

*) a. a. O. Bd. 15.

Schicht, welche eine geringe Wölbung erkennen lässt, besteht aus reinem Kies.

Die Seitenwege im Gebirge der Schweiz waren, wie oben erwähnt, auch manche Strecken der Militärstrassen, ohne grossen Aufwand construirt, sie wurden nur durch Ausbreiten und Feststampfen von Kies auf die vorgezeichnete Linie hergestellt. An den trockenen, kiesigen Gehängen der Hügel ist es meist unmöglich, den Lauf dieser Seitenwege nachzuweisen. An denjenigen Localitäten aber, wo ein weicherer Thalgrund, ein Ried zu überstrassen war, wurde etwas mehr Fleiss und Sorgfalt auf Herstellung auch der weniger bedeutenden Wege verwendet. Das Strassenbett besteht dann in dicht aneinander gereihten grossen Findlingen mit daraufgelegtem Kies. Diese Wege werden oft jetzt noch als Feldwege benutzt, oder können, wenn sie im Ried begraben liegen, von den Bewohnern nachgewiesen werden. Auch Knüppelwege und Dämme über Moore und Sümpfe wurden von den Römern angelegt.

Wir verdanken H. Meyer*) eine vortreffliche Untersuchung über die Alpenstrassen der Schweiz, welche den Forschern auf unserem Gebiet als Muster dienen kann.

In den schon erwähnten Stellen in der Geographie Strabo's Buch IV. Cap. 6, welche von den Römerstrassen über die Rhätischen Alpen handelt, wird berichtet, dass schon damals, zur Zeit des Augustus, mehrere gute und sichere Strassen über diese Gebirge führten, welche unter den folgenden Kaisern noch vermehrt wurden. Strabo beschreibt die trotz der Gangbarmachung der Alpenwege noch bestehen bleibenden Schrecknisse derselben: „denn die Natur lässt sich nicht überall besiegen wegen der Felsen und ungeheuern Abhänge, die theils über den Weg vorlaufen, theils in der Tiefe sind, so dass man bei einem Fehltritt unvermeidlich Gefahr läuft, in unergründliche Schluchten hinabzustürzen. Der Weg ist zum Theil so schmal, dass Fussgänger, selbst Lastthiere, die es nicht gewohnt sind, von Schwindel ergriffen werden, die Einheimischen tragen aber die Lasten ohne Gefahr. Dem konnte man freilich nicht abhelfen, so wenig als dem Herabrollen der ungeheuern

*) Mittheilungen der antiquarischen Gesellschaft in Zürich. Bd. 11.

Eisschichten, welche oft ganze Reisegesellschaften mit sich fortreissen und in die unten liegenden Thäler schleudern."

H. Meyer bemerkt, dass auf den alten Römerstrassen in Rhätien, wie es leider auch vielfach in unseren Alpen der Fall ist, die Meilensteine zu fehlen scheinen, die wohl im Laufe der Zeiten durch Sorglosigkeit der Menschen und durch Verschüttung und Bergschlipfe zu Grunde gegangen sein mögen.

H. Meyer schickt seiner Beschreibung der römischen Strassen in Rhätien die allgemeine Bemerkung voraus, dass die Bewohner dieses Landes dieselben immer noch in hohen Ehren halten, weil sie gut gebaut und, wie schon erwähnt, dem Charakter der Berge und den Witterungsverhältnissen angemessen sind. Es scheint, dass die römischen Ingenieure in der Anlage der Strassen mit grosser Umsicht zu Werke gingen, dass sie den Berg, über welchen sie eine Strasse zu führen hatten, genau studirten, namentlich auch die Gewässer, die Stürme und die besonderen „Launen der Berge" erforschten, die jedem eigenthümlich sind, und dass sie eine Richtung aufsuchten, wo die Schwierigkeiten geringer, die Gefahren leichter zu überwinden waren. Sie wählten für den Bau der Strassen immer, wo es nur möglich war, die Sonnenseite des Berges, weil dieselbe wärmer und trockener ist, damit im Winter eine geringere Schneemasse sich aufhäufe und die Strasse im Frühling schneller vom Eis befreit werde. Nicht minder bemüht waren sie, jene Bergstellen zu umgehen, wo grosse Schneehaufen zusammengeweht werden und oft zu 20—30′ Höhe sich aufthürmen, oder wo Lawinen oder Überschwemmungen den Weg öfter bedrohen. Nach dem Urtheil der Sachverständigen sind überhaupt diese Strassen mit solcher Vorsicht ausgeführt, dass sie auch jetzt noch in der schlimmen Jahreszeit, im Winter vorzugsweise, benutzt werden, und Viele bedauern, dass die neuen Strassen so oft die frühere Richtung verlassen haben. Die Römer haben sich daher in diesen Alpenthälern durch den Bau der Strassen ein Denkmal gestiftet, das immer noch fortlebt und ihren Ruhm nicht untergehen lässt. — Öfter sind diese Bergstrassen nur 4—5′ breit angelegt gewesen.

Wir fügen der allgemeinen Beschreibung der Alpenstrassen aus der Römerzeit eine theilweise Nachbildung der Karte bei, welche von Th. Mommsen in dem Corpus inscriptionum latinarum Vol. III. Pars II. veröffentlicht wurde; sie soll die Römerstrassen in den Alpen Rhätien's und Noricum's zur Darstellung bringen. Die Karte gewinnt für uns dadurch an Werth, dass auf ihr nicht nur die sicher constatirten grossen Militärstrassen eingezeichnet sind, sondern mehrfach auch Strassenzüge, deren Lauf bis jetzt nur vermuthet werden kann und deren Erforschung gewiss eine der lohnendsten Aufgaben aus dem Gebiet unserer Studien für die Besucher und Bewohner der Alpenländer bilden wird.

Aus dem im allgemeinen Mitgetheilten und an den speciellen Beispielen Erläuterten geht schon zur Genüge hervor, auf was bei Untersuchung der römischen Alpenwege und Strassen vor allem die Aufmerksamkeit gerichtet werden sollte.

Zunächst muss nach dem etwaigen Unterbau der Strasse geforscht werden; manchmal ist er direkt an einzelnen Stellen sichtbar, manchmal kann man durch Erkundigungen bei Anwohnern darüber nach älteren Erfahrungen Mittheilung erhalten. Am werthvollsten sind eigene Grabungen. Die Breite der Strasse ist zu bestimmen, ihre Höhe in der Mitte, ihre seitlichen Abdachungen, etwaige Seitengräben oder Spuren von solchen und Hohlwege müssen beachtet werden. Vor allem gilt es nach den römischen Meilensteinen oder anderen Inschriftsteinen zu forschen, oder nach sonstigen alten Wegweisern, Steinkreuzen ohne Inschrift, welchen ein hohes Alter zukommen könnte.

4. Anhang zu Kapitel IV.

Schalensteine, Opfersteine.

Mit den Strassen und weglosen Verbindungsrichtungen in prähistorischer Zeit mögen wohl einige jener merkwürdigen Felsenzeichen zusammenhängen, welche selten als eigentliche Buchstaben oder Runen, gewöhnlich als in den Felsen eingemeisselte Fusstapfen von Pferden oder Menschen oder als schalenförmige Vertiefungen, letztere manchmal in Verbindung mit allerlei Ringvertiefungen und Rinnen, auftreten. Am bekanntesten sind unter diesen Gebilden einer frühern, meist lang verschollenen Zeit die Rosstrappen und Schalensteine (Tafel 42).

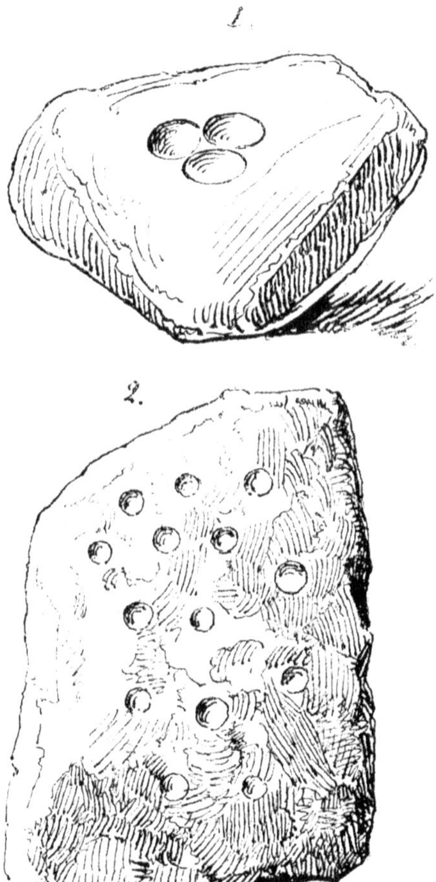

Tafel 42.

Schalensteine.

1 Schalenstein aus der Schweiz, nach F. Keller. 2. Schalenstein, gefunden in einem Grabhügel bei Arrild in Angeln. Auf der anderen Seite des Steins liest man in Runenschrift das Wort Fatur. Nach J. Mestorf

Ob es Zeichen für die Erkennung der Wegrichtung und der speciellen Örtlichkeit gewesen, ob die Vertiefungen als

Opferschalen zur Aufnahme des Blutes der über ihren geschlachteten Opfer oder zu anderen mystischen Zwecken alter heidnischer Culte gedient haben, oder ob beides der Fall gewesen, ist noch Gegenstand der Controverse. Aber das scheint gewiss, dass derartige Örtlichkeiten noch heute Gegenstand der abergläubischen Scheu der Landbewohner zu sein pflegen.

In der Schweiz, in Frankreich, in Skandinavien sind namentlich die Schalensteine (pierres à écailles, cop stones) vielfach Gegenstand der archäologischen Untersuchung gewesen; auch in einigen Gegenden Deutschlands, in Schlesien z. B., sind sie namentlich in der neueren Zeit wieder mehr in das Interesse gerückt worden. Immer noch fehlen uns aber aus dem Alpengebiet Deutschlands und Österreichs eingehendere Untersuchungen über diese immerhin wichtigen Vorkommnisse.

Die eigentlichen Schalensteine sind in der Schweiz nach Désor's*) Angaben meist erratische Blöcke und zwar fast ausnahmslos Granitblöcke. In diese finden sich bald zahlreicher bald mehr vereinzelt hie und da ziemlich regelmässig gestellt runde, tassenförmige, geglättete Vertiefungen gehöhlt, von dem Durchmesser von etwa 4 cm aufwärts grösser werdend.

Meist zeigen sich diese, auf den ersten Blick als künstlich hergestellt sich erweisende Schalen auf einzelstehenden, schon durch ihre Lage ausgezeichneten Felsblöcken.

In Skandinavien werden die Schalensteine als Elfen- oder Baldersteine bezeichnet, in Norddeutschland als Näpfchensteine oder Opfersteine, in Süddeutschland als „Schüsseleinsteine“ oder in gelehrter Benennung als Druidensteine.

Namentlich grössere schüsselförmige künstliche Eintiefungen auf freistehenden Felsplatten in Verbindung mit Abflussrinnen wie sie z. B. von Zapf**) von den Berghöhen des Fichtelgebirgs beschrieben wurden, erscheinen als einstige Opfersteine.

Zur näheren Feststellung des Sachverhaltes wäre der Boden in der Umgebung der Steine zu durchgraben und nach etwaigen Überresten zu forschen, welche auf die einstigen Opfer etc. hindeuten können.

---

*) Correspondenzblatt der deutschen anthropologischen Gesellschaft. 1877. S. 126.

**) Beiträge zur Anthropologie und Urgeschichte Baierns. Bd. IV. Hft. 3. 4.

Es ist beachtenswerth, dass wenigstens in Skandinavien die Schalensteine noch vielfach Gegenstand abergläubischer Ceremonien sind. Sie werden mit Öl gesalbt, es werden Münzen in die Schüsselchen gelegt oder Blumen etc. Auf derartige Überbleibsel alter religiöser Gebräuche wäre vor allem zu achten und danach bei den Umwohnern zu forschen.

Im Anschluss an die Untersuchung der Schalensteine ist man namentlich in der Berliner anthropologischen Gesellschaft*) auf ganz ähnliche kleine schüsselförmige kreisrunde Eintiefungen aufmerksam geworden, welche sich an den Aussenflächen der Fundamentsteine von alten Kirchen und an den Aussenmauern der letzteren meist neben den Eingängen und zwar niemals höher als in Handhöhe finden.

Ob diese Schüsselchen in den Kirchenwänden Analoga sind der Schalensteine auf isolirten oder anstehenden ausgezeichneten Steinblöcken, ist noch keineswegs entschieden. Auch mit dem Material der Kirchenmauern (Mörtel etc.) verbinden sich vielfach religiöse — abergläubische Vorstellungen und namentlich medicinischer Aberglaube, indem man dem Genuss von Kirchenkalk bei gewissen Leiden eine heilende Wirkung zuschreibt.

Auch in Beziehung über die Näpfchen in den Kirchenmauern und deren Verbreitung im Alpengebiet stehen eingehendere Untersuchungen noch vollkommen aus.

Eigentliche alte Felsenzeichnungen, wie sie in Skandinavien und in aussereuropäischen Ländern vielfach beobachtet wurden, Inschriften und Bilder auf Felsen sind bisher in unserem Forschungsgebiet noch nicht aufgefunden. Von wie hohem Interesse derartige Funde wären, ist von selbst einleuchtend.

Bei uns hat man in „künstlichen Höhlen" (vgl. oben S. 327) späterzeitige Abbildungen und Inschriften beobachtet.

Gebirgsschluchten und Felsenhöhlen wurden in heidnischer Zeit als religiöse Cultusplätze benutzt; bei methodischen Ausgrabungen würde sich wohl mancherlei darauf sich Beziehendes finden lassen.

Bei der Untersuchung der Schalensteine und der analogen

---

*) Zeitschrift für Ethnologie in den letzten 3 Bänden.

künstlichen Bildungen ist eine genaue Darstellung aller localen Verhältnisse, Planaufnahme, Messung der Vertiefungen, getreue Abbildung, landschaftliche Skizze nicht zu übergehen.

Kapitel V.

Prähistorische Grabstätten.

Wir haben in dem Vorhergehenden unsere Aufmerksamkeit auf die Spuren gerichtet, welche uns über das Leben und die Thätigkeit lang verschollener Geschlechter Aufschluss geben.

Aber diese Reste des prähistorischen Lebens finden erst ihre volle Erklärung, ihr volles Verständniss durch die Vergleichung mit den Forschungen über die Todten der Vorzeit.

Zu Tausenden sind kleinere und grössere Grabhügel, meist kaum als Bodenwelle erkenntlich, seltener zu bergähnlichen Hügeln aufgethürmt, auch in unseren Gegenden erhalten, welche in ihrem Innern die verbrannten oder unverbrannten Leichen der Urbewohner enthalten, zum Theil mit ihrem Schmuck und Waffen, ja mit Geräthen des täglichen häuslichen Gebrauchs von der frommen Sitte der Alten zum Gebrauch im Schattenreiche liebevoll versehen.

Auch an sonnigen Abhängen liegen in der älteren Periode unregelmässiger, später regelrecht reihenweise neben einander gebettet, die Reste der Bewohner aus vor- und nachrömischer Periode, ehe das Christenthum die Leichenbestattung um die neuerstandenen Gotteshäuser zu allgemeinem Gebrauch erhob.

Von jeher war die Aufmerksamkeit der Nachwelt diesen Zeugen der Vergangenheit zugewendet; gelegentliche reiche Funde luden ein, in den Grabhügeln nach verborgenen Schätzen zu forschen.

Auf diese Weise und unter dem Einfluss der fortschreitenden Bodencultur sind viele Grabstätten des Alterthums zerstört, ohne eine wissenschaftliche Ausbeute geliefert zu haben, aber noch immer sind sie zahlreich vorhanden und namentlich im Gebirgslande weniger untersucht, wo die künstlichen Bodenwellen schwerer von den zahlreicheren natürlichen unterschieden werden können.

In dieser Beziehung besteht für die Alpenländer vielfach eine noch auszufüllende Lücke und die Funde in den Grabstätten werden uns über Manches erst volle Belehrung geben, was wir gegenwärtig nur zu ahnen vermögen.

Denn das ist gewiss, die reichsten Aufschlüsse über das Leben der Vorfahren und über sie selbst verdanken wir den Todten, den systematisch ausgebeuteten Gräberfunden.

In den Gräbern der Vorzeit haben wir, nach den oben gemachten Bemerkungen, nicht nur nach den Knochenresten der einstigen Einwohner eines Landes zu forschen, neben den Knochen enthalten die Grabstätten auch mehr oder weniger reiche „Beigaben" der Todten. Reste der Kleidung, des Schmucks, Waffen, Geräthe aller Art, darunter namentlich Thongeschirr. Diese Beigaben geben uns über den Culturstand der Zeit, in welcher das Grab errichtet wurde, den erwünschten Aufschluss, ja eine genauere archäologische Untersuchung gewährt uns die sichersten Anhaltspunkte zur historischen, oft sogar zur ethnologischen Fixirung des Gräberfundes.

Aus jener Zeit, in welcher der Mensch mit den diluvialen Säugethieren Europa bewohnte, scheinen bis jetzt in Deutschland mit Sicherheit noch keine Begräbnisstätten aufgefunden zu sein. In jener jüngeren Steinperiode aber, als die diluvialen Säugethiere ausgestorben oder nach dem Hochnorden und den Eisfirsten der Alpen zurückgewichen waren, als die den Menschen umgebende Fauna sich nicht mehr wesentlich von der heutigen unterschied, immer noch aber geschlagene Feuersteinmesser und geschliffene Steinäxte und Hämmer neben aus Knochen und Hirschhorn gefertigten Instrumenten im ausschliesslichen Gebrauch der Menschen waren, sehen wir im germanischen Norden die Leichen unter mächtigen Steinbauten beigesetzt. Es sind das jene Hühnengräber und Riesenbetten, die in den genannten Gegenden in so eigenthümlicher Art zur

Charakterisirung der Landschaften beitragen. Es sind Steinkammern, aus grossen erratischen Blöcken, oft von sehr bedeutenden Dimensionen, zusammengefügt und mit einem oder mehreren ebensolchen, oft etwas flacheren Steinen gedeckt. Wo solche Steinkammern frei stehen, ohne von einem Grabhügel umgeben und gedeckt zu sein, werden sie wohl als Opferaltäre, Opfersteine etc. bezeichnet. Meist bilden diese Steinbauten das Innere eines grossen Hügelgrabes und es führt bisweilen ein längerer oder kürzerer, auch aus erratischen Steinen gebauter, gedeckter Gang, meist niedriger als die eigentliche Steinkammer, gegen den Hügelrand. Derartige Grabanlagen werden als „Ganggräber" bezeichnet. Als Riesenbetten werden langgestreckte, mit grossen Steinen umsetzte Hügel benannt, welche entweder eine oder mehrere Grabkammern umfassen.

Am häufigsten kommen solche „megalithische Steinbauten" in den Ostseeländern und in der ganzen niederdeutschen Ebene vor. Nach Süden nimmt ihre Zahl mehr und mehr ab, südlicher als im Kreise Ziegenrück in Thüringen sind sie bis jetzt, wie es scheint, nicht beobachtet worden. In den Süddonauländern scheinen bis jetzt noch keine Spuren solcher Bauten aufgefunden.

Ein Gräberfeld mit unverbrannt bestatteten Leichen, welches seinen Beigaben nach der jüngeren Steinzeit angehörte, untersuchte Lindenschmit*) am Hinkelstein bei Monsheim in Rheinhessen. Die Skelett-Gräber, welche bei dem Roden eines Feldes zum Vorschein kamen, waren reihenweise in die Erde eingeschnitten, ähnlich wie bei den später zu beschreibenden aber weit jüngeren „Reihengräbern". Die Knochen waren so vermorscht, dass nur einige Schädelfragmente gehoben werden konnten. In der grossen Anzahl von Gräbern (60—70), welche genau untersucht werden konnten, fand sich keine Spur von Metall, dagegen durchbohrte und undurchbohrte Steinbeile, Feuersteinsplitter und Messer aus dem gleichen Material. Unter den Schmuckgegenständen fallen am meisten Halsketten auf, aus kleinen, zu angeöhrten Perlen gearbeiteten Stückchen von Muschelschalen bestehend (Tafel 43, Fig. 3, 4), andere aus durch-

*) Die Alterthümer unserer heidnischen Vorzeit. Bd. II, Hft. 8. Taf. 1.

bohrten Zähnen. Ausserdem fanden sich Handmühlsteine aus Sandstein (Fig. 1) und eine Anzahl zwar aus freier Hand aber recht zierlich geformter Gefässe, Krüge, Näpfe und Becher aus Thon.

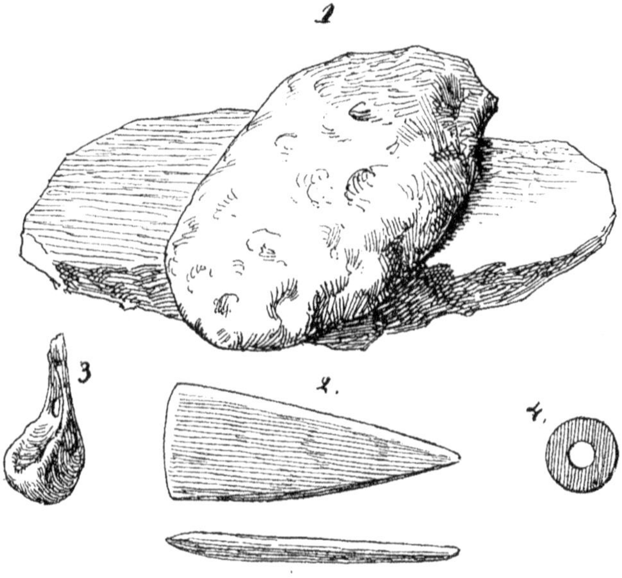

Tafel 43.

Aus dem Gräberfeld bei Monsheim, nach Lindenschmit.

1. Einfache Handmühle oder Reibstein für Getreide aus rothem Sandstein. 2. Flache, keilförmige Steinaxt aus Diorit, der breiten Schneide gegenüber in eine Spitze auslaufend; von der Fläche und von der Seite. 3. Halsschmuck aus Muschelstücken in Form roher Berlocken aus dem Schloss der Schale geschliffen und durchbohrt. 4. Halsschmuck aus Muschelschalen, welche zu kleinen Scheibchen geschliffen und durchbohrt sind.

Die zahlreichen von Engelhardt beobachteten Gräber aus der Steinzeit liegen auf einer Hochfläche mit prächtiger Aussicht auf die „Fränkische Schweiz" und die sie umgebenden Bergzüge zunächst bei Königsfeld im bairischen Oberfranken. Hier fanden sich unter den zahlreichen z. Th. gewaltigen einzelnen Felsblöcken von Juradolomit, welche bei der Urbarmachung des Feldes weggeschafft werden mussten, zerdrückte Thongefässe, rohe Urnen und als einzige bemerkte sonstige Beigabe geschliffene Steininstrumente.

Von dem von Herrn **Hösch** aufgefundenen Grab unter dem Fockenstein bei Pottenstein in der „fränkischen Schweiz", war schon oben S. 304 die Rede. Hier fanden sich zwar keine Steinwaffen, aber eine aus Hirschgeweih geschnittene Lanzenspitze und zwei Zierscheiben aus Knochen, die ihrer Arbeit nach keinen Zweifel lassen, dass das Begräbniss mit der der jüngeren Steinzeit zugehörenden Ansiedelung unter diesem Felsendache gleichzeitig ist.

Bei unseren bis jetzt sehr geringen Kenntnissen über die Gräber der Steinzeit verdienen alle hieher zu rechnenden Funde und Andeutungen die aufmerksamste Beachtung.

Es muss hier jedoch wiederholt auf das Eindringlichste darauf aufmerksam gemacht werden, dass in Deutschland auch noch in Gräbern einer viel späteren Zeit, als Bronze und Eisen schon lange in den betreffenden Gegenden bekannt waren, neben Bronzeschmuck und Eisen noch Steinbeigaben und Knochenwaffen in den Gräbern gefunden werden. Ein Grab, in welchem man bearbeitete Steine oder Knochen findet, gehört daher noch nicht nothwendig der „Steinzeit" zu, es muss mit aller Aufmerksamkeit nach etwaigen Bronze- oder Eisenbeigaben geforscht werden, welche die Beurtheilung der Zeitstellung wesentlich verschieben würden.

In der **Bronze-Periode** des germanischen Nordens wurden die Todten theils unverbrannt bestattet, theils findet sich Leichenbrand mit Beerdigung der verbrannten Knochenreste. Die Leichenbestattung scheint wenigstens dort älter zu sein als die Verbrennung.

In den germanischen Nordländern wurden die Leichen „der Bronzezeit" in 6—7′ langen Steinkisten, die aus unbehauenen flacheren Steinblöcken oder aus kleineren Steinen zusammengesetzt waren, beigesetzt. Darüber wurde dann ein **Grabhügel** aus Steinen oder Erde aufgeworfen. In einzelnen Fällen fand die Bestattung in rohen **Einbaumsärgen** statt, in denen sich z. Th. in wunderbarer Weise nicht nur die Reste des Leichnams selbst, sondern auch die Beigaben von Holz, ja sogar die Gewebe der Kleidungsstücke erhalten haben. Aus diesen merkwürdigen Grabfunden, unter denen jener aus dem Treenhöi, einem grossen Hügelgrab im Amte Ripen, der eine männliche, und jener aus dem Borum-Eshöi bei Aarhuus, der eine weibliche Leiche enthielt, besonders berühmt sind, kennen wir die Weberei und die Kleidung in der Bronzeperiode des Nordens in sehr vollkommener Weise. Die rohen Eichenstämme, welche zu den Särgen dienten, sind an den Enden stumpf abgehauen, der Länge nach gespalten und beide Theile trogförmig ausgehöhlt. In den unteren Theil, den eigentlichen Sarg, wurde die Leiche auf die Haut eines frischgeschlachteten grösseren Thieres in vollem Schmuck der Gewänder, Zierrathen und Waffen gebettet und mit dem Fell bedeckt. Die obere Hälfte des Stammes verschloss als Deckel den Sarg, dessen Fugen sorgfältig mit Harz verkittet wurden, ehe sich der Grabhügel über ihn wölbte. Wurde der Hügel aus feuchtem Thon oder Letten aufgeführt, so erhielt sich in diesem das Holzwerk und wie gesagt auch die organischen Stoffe der Kleidungsstücke sehr gut. Was von dem Holzwerk in lockere und steinige Erde hereingeht, ist dagegen, wie mit dem Messer abgeschnitten, vollkommen zerstört und verschwunden.

Aus der eigentlichen „Eisenzeit" haben wir in unserem Forschungsgebiet theils Grabhügel mit Leichenbrand und Beisetzung in Urnen, theils Leichenbestattung. Die letztere ist in ganz charakteristischer Weise ausgebildet in den der Völkerwanderung und den derselben nachfolgenden Jahrhunderten — in Baiern etwa bis zum 8. Jahrhundert — angehörenden sogenannten Reihengräbern.

Ehe wir nähere Angaben über die Methode der wissenschaftlichen Ausbeutung der Gräber machen, wollen wir an einigen Beispielen die Auffindung und Ausgrabung der Gräber und die in ihnen gemachten Funde selbst charakterisiren.

Wir schicken nur noch voraus, dass naturgemäss, was für die österreichischen Länder namentlich durch die Beobachtungen v. Hochstetter's festgestellt wurde, die Grabstätten gewöhnlich in der Nähe prähistorischer Wohnstätten und Ansiedelungen, sehr gewöhnlich in der Nähe von Ringwällen und ähnlichen Anlagen der Vorzeit gefunden werden. Die einer jüngeren Periode angehörenden germanischen „Reihengräber" finden sich vielfach in der Nachbarschaft von Römerstrassen und Römerkastellen und in der Nähe von noch heute besiedelten Dörfern und Wohnplätzen, namentlich von solchen, welche in den ältesten Urkunden erwähnt werden.

1. Hügelgräber.

Wenden wir unsere Aufmerksamkeit zunächst den grossen Hügelgräbern, Tumuli, zu, welche Fraas, dem wir einige der schönsten bis jetzt in Süddeutschland in solchen Hügeln gemachten Funde verdanken, als Heroenhügel oder Fürstengräber bezeichnet. Er untersuchte zwei solcher Hügel: „Kleinaspergle" und „Belremise" in Württemberg, deren Ausgrabungen wir nach seinem Bericht schildern.*)

Der Hügel „Kleinaspergle" heisst auch Franzosenhügel. Es geht von ihm die Sage, die Franzosen hätten ihn in ihren Tschakos zusammengetragen, um von ihm aus die Feste Hohenasperg mit Erfolg zu beschiessen. Der Volkssage liegt augenscheinlich der richtige Instinkt zu Grunde, dass der fragliche Hügel kein natürlicher, sondern von Menschenhand aufgeworfen ist. Mit Vorliebe knüpft dann das Volk an die letzte Invasion fremder Völker an. So wussten die Leute, dass das Hügelpaar durch menschliche Hände hergestellt sei; dass wir aber in beiden uralte Todtenhügel vor uns haben, davon hatte Niemand eine Ahnung. Selbst Männer vom Fach sprachen bis zur Zeit der Inangriffnahme der Ausgrabung von römischen Wachthügeln und dergleichen.

In der Mitte des Todtenhügels „Belremise" lag noch die Leiche des Fürsten mit goldener Krone, Goldspange, Bronzedolch u. s. w. neben einem vierrädrigen Streitwagen, dessen Achsen und Radnaben kunstvoll mit Kupfer beschlagen waren. Das Grab war, von 3,5 m langen Holzdielen umrahmt, auf die frühere Erdoberfläche aufgesetzt, zunächst mit grossen rohen Feldsteinen zugedeckt und dann 6 m hoch mit Erde überschüttet. Ein zweites seitliches Grab innerhalb des Hügels war 1,20 m in den natürlichen Boden eingelassen und enthielt gleich dem Hauptgrab die Reste von Waffen und Schmucksachen.

---

*) Correspondenzblatt der deutschen anthropologischen Gesellschaft 1879. S. 108.

Da ähnliche Verhältnisse auch im Kleinaspergle zu erwarten waren, wurde beschlossen, den Hügel in regelmässigem Stollenbau zu bearbeiten, um die übermässigen Kosten der Abtragung zu ersparen. Der Hügel wurde von der Westseite in Angriff genommen, der Stollen genau von W. nach ,O. eingetrieben. In Belremise war die Lage der Skelette von S. nach N., so dass man hoffen konnte, die Gräber von W. aus sicherer anschneiden zu können als auf der S- oder N-Seite. Mit 18 m Stollenlänge stiess man auf ein Grab. Dasselbe war sorgfältig abgegrenzt, von hölzernen Rahmen von 25 und 26 cm Durchmesser umgeben und maass in der Breite 2 m, in der Länge 3 m. Das Grab lag auf der natürlichen Erdfläche und wurde auf der Sohle des Stollens angefahren. Dasselbe zeigte sich sorgfältig zugedeckt mit den Resten eines Zeltteppichs. Zeltstangen, welche das Tuch trugen, waren noch in den Seitenwänden sichtbar, das Zelttuch selbst war vergangen, aber der weiche Lehm hatte das Gewebe abgedrückt. An der ganzen Behandlung des Grabes und der Anordnung der Grabgegenstände unter dem Zeltdache war eine wahrhaft rührende Sorgfalt zu erkennen, mit welcher das Grab errichtet war. An der Ostwand der Grabkammer standen neben einander vier prachtvolle grosse Bronze- und Kupfergefässe, beziehungsweise eine aus Kupfer getriebene Kanne (labrum), 1 m im Durchmesser haltend. Es war das Mischgefäss für den Wein, in welchem noch ein hölzerner Schöpfer lag, leider sehr vergangen, vielleicht aus Birnbaumholz. Das zweite Gefäss ist ein aus Bronzeringen aufgebauter Schöpfeimer, eine sogenannte (etrurische) Ciste. Neben dem Eimer stand ein zweihenkeliges Bronzegefäss mit massiven Henkeln, verziert mit rein etrurischen Ornamenten. Das vierte Gefäss war ein rein etrurisches einhenkeliges Gefäss (sog. nasiterna); die Schnauze der Kanne sowie der Untertheil des Henkels ist mit phantastischen Thierköpfen verziert, wie wir sie an etrurischen Arbeiten kennen. Während dies alles an der Ostseite des Grabes war, lagen an der Westseite die eigentlichen Reste der Leiche, d. h. ein Häufchen Asche und weiss gebrannte Knochen, mit einem goldverbrämten Tuch einst sorgfältig zugedeckt; die runden Goldplättchen und die länglichen goldenen Besatzstreifen lagen auf dem Häufchen Knochen und

Asche. Abseits von demselben in der eigentlichen Mitte des Grabes lagen die Kostbarkeiten beigesetzt; zwei Schalen von vollendeter attischer Form, aus lemnischer Erde gearbeitet. Die Malerei in einer derselben stellt roth auf schwarz eine Priesterin dar, die mit einem brennenden Holzscheit den Opferbrand entzündet. Der Rand der Schale ist mit einem Epheukranz bemalt und, was bisher noch nie gefunden wurde, die Unterseite war mit goldener Draperie versehen. Ebenso mit Goldblech auf der Unterseite drapirt war auch die zweite Schale, in welcher mit gelbgrüner Farbe ein Kranz aus Mohn und Binsen aufgemalt ist. Zwischen den Knochenhäufchen und den Schalen lag ein Holzring aus Ebenholz mit goldenem Knopf verziert, der nach seiner Weite zu urtheilen an einen Frauenarm passte. Auch der andere Schmuck neben den Schalen, bestehend in einem goldenen Armschmuck und silberner Kette, deutet auf eine Frau als einstige Trägerin hin. Keinerlei Waffen, kein Dolch, kein Schwert oder Schild, die den Männergräbern nicht fehlen, sondern nur Schmuckgegenstände, auf das sorgfältigste gearbeitet, von ausserordentlicher Schönheit. Das Merkwürdigste aber, das noch weiter in des Grabes Mitte lag, sind zwei goldene „Hörner". Jedes dieser Hörner ist von der Gestalt eines Stierhorns, an dem unteren Ende ist ein Widderkopf angebracht. Das Horn selbst ist wie das Horn der Kuh oder des Stiers doppelt gekrümmt, ein eiserner Dorn in dem Horn bildet das Gerüste, um welches Holz gelegt ist, das Holz aber ist mit Goldblech belegt, das auf Kupferblech aufgelegt war. Die Ornamente auf dem Gold sind von grosser Schönheit. Herr Fraas möchte sie für Griffe einer Libationsschale halten. Die beiden Gefässe aus Bronze waren bis an den Rand mit einer mehligen Masse gefüllt, die sich bei der Erhitzung auf dem Platinblech an dem Weihrauchsduft, der sich entwickelte, als wohlriechendes Harz zu erkennen gab, ob Myrrhen oder Olibanon, war freilich nicht mehr zu ergründen. Soviel steht fest, dass dieses wohlriechende Harz im Schwabenlande nicht gewachsen, sondern eben so sicher importirt war, wie die Schalen von Athen. Das beschriebene Grab war seiner seitlichen Lage nach nur ein Nebengrab, leider war das Hauptgrab in der Mitte, wie die Spuren ergaben, schon in alter Zeit ausgeraubt.

2. Urnenbegräbnisse.

Wir haben oben bei der Besprechung der prähistorischen Wallanlagen und Ansiedelungen schon einen von v. Hochstetter untersuchten Fundplatz erwähnt, welchen wir hier wegen seiner Gräberanlagen noch etwas eingehender betrachten wollen:*) Teržišče bei Zirknitz.

Auf diese in der Nähe von Zirknitz bei Niederndorf am nordwestlichen Ende des Sees zwischen den einzelnstehenden Kirchen St. Lorenz und St. Wolfgang gelegene Localität hatte, wie v. Hochstetter berichtet, zuerst in Folge einiger bei Gelegenheit eines Wegbaus gemachten Bronzefunde Herr Adolph Obresa, Realitätenbesitzer in Zirknitz, im September 1877 aufmerksam gemacht. Der für eine Ansiedelung sehr günstig zwischen Wald und See gelegene Hügel war einst seinem ganzen Umfang nach besiedelt und befestigt. An der nordwestlichen, westlichen und z. Th. auch an der südlichen Seite sind noch deutlich erhaltene, nicht gemauerte Stein- und Erdwälle erkennbar, während die Begräbnissplätze dem östlichen gegen den See gerichteten Ende des Hügels angehören. Hier wurde auf der Höhe am 17. Juli 1879 an einer Stelle, wo schon früher mehrere menschliche Skelette ausgegraben worden sein sollten, bei weiterem Nachgraben ziemlich oberflächlich unter dem Gesteinsschutt ein menschliches Skelett, jedoch in sehr schlechtem Erhaltungszustand und ohne jegliche Beigabe gefunden. Es muss daher unentschieden bleiben, ob dieses Skelett einer älteren Periode angehört. Dagegen existirt an dem gegen den Zirknitzer See gerichteten östlichen Abhang des Hügels gegenüber Niederndorf und der Kirche von St. Lorenz eine unzweifelhaft prähistorische Begräbnisstätte mit Aschenurnen. Die aus einem stark sandigen Thon sehr roh gearbeiteten Aschenurnen von der einfachsten Topf- und Napfform mit einer Höhe bis zu 50 cm wurden in den von eisenschüssigem Lehm erfüllten Spalten der steil aufgerichteten triasischen Kalkbänke beigesetzt. Diese Aschenurnen enthalten den stets mit Holzkohle vermischten Leichenbrand, unter demselben einzelne Bei-

*) a. a. O.

gaben, wie Halsringe, Armringe und andere kleine Ringe aus Bronze, Fibeln von verschiedener Form aus Bronze, Fibeln und Ringe ganz aus Eisen (die Fibeln sind wie die in Hallstatt theils Spiralfibeln, theils Knotenfibeln, theils einfache Bügelhaften), kleine Messer aus Eisen, einzelne Achat-, Glas- und Bernsteinperlen, Spinnwirtel aus Thon u. dergl. Über dem Leichenbrand liegen in den Urnen in der Regel ein oder zwei kleinere schalen- oder becherförmige Thongefässe, ebenso roh gearbeitet wie die Aschenurnen. Eine besondere Erwähnung verdient eine Henkelurne von etruskischer Form, aus lichtem Thon fein gearbeitet, 19 cm hoch, in der eine grössere Anzahl von Armringen aus Bronze gefunden wurde, ferner ein Ring aus Blei und zahlreiche Bronzebügel, die wohl als Henkel von Gefässen aufzufassen sind.

Noch grossartigere Resultate lieferte das Gräberfeld am Südabhang des Slemeschekberges bei Watsch und die alten Begräbnissstätten bei Klenik, worüber wir ebenfalls nach v. Hochstetter berichten.*)

Die Veranlassung zu Entdeckung dieser für die Urgeschichte Krain's höchst bedeutungsvollen Localität gaben im Jahre 1877 einige Arm- und Ohrringe aus Bronze, welche der Schullehrer von Watsch, Herr Franz Peruzzi, an dem Armknochen und bei dem Schädel eines in einem Hohlwege nächst dem Dorfe Klenik (slovenisch Klenke) bei Watsch ausgegrabenen weiblichen Skelettes gefunden hatte. Zugleich berichtet Herr P., der eine lebende Chronik aller Funde und Ereignisse in Krain ist, auch von Funden von grossen Urnen und anderen Gegenständen, die von Zeit zu Zeit in der Gegend von Watsch gemacht werden. Es liessen sich bei Watsch wieder wie bei Zirknitz die Spuren einer ausserordentlich ausgedehnten prähistorischen Ansiedelung auf dem höchsten plateauförmig sich ausbreitenden Gebirgsrücken zwischen dem Savethal und dem Kanderschthal nachweisen, zu welchen einzelne Tumuli und ausgedehnte reiche Urnenfelder in der Nähe des Dorfes Klenik, die Begräbnisstätten der ehemaligen Bewohner, gehören. Auf der höchsten Kuppe der Ansiedelung, die schon in prähistorischer Zeit ein

*) A. a. O. S. 7.

Cultusplatz gewesen sein mag, steht die Schlemschek oder Heiligenkreuz genannte Wallfahrtskirche. Bei der Kapelle in der Nähe dieser Kirche fanden sich Massen von Küchenabfällen in der Form von Thierknochen, vom Schwein, Hirsch, Rind und der Ziege herrührend, nebst Gefässcherben in einer Tiefe von $^1/_2$ m unter dem jetzigen Boden. Am 26. Juli wurde auf der Hutweide unten links vom Heiligenberg die Grabarbeit begonnen. (Tafel 44.)

Wir heben aus den hochinterressanten Fundberichten nur einen heraus.

In einer Tiefe von 0,6 m unter dem Rasen stiess man auf eine schwere Kalksteinplatte; unter derselben fand sich, von lehmigem Dolomitgruss theilweise eingehüllt, eine Riesenurne, fast von der Form unserer heutigen Salzsäureballons. Die Dimensionen sind: Höhe 0,67 m; grösster Umfang 1,77; Durchmesser der oberen Öffnung 0,30; Durchmesser des Bodens 0,23 m. Oben hat sie am äusseren Umfang fünf kleinere, unten zwei grössere Buckel, sie ist aus einer rohen, sandigen Thonmasse aus freier Hand gearbeitet, schwach gebrannt und von brauner Farbe. An der Aussenseite und ebenso an der Innenseite ist sie von einer später entstandenen papierdünnen Kalksinterkruste überzogen, die sich jedoch beim Trocknen des Gefässes zum Theil abgelöst hat. Mit vieler Vorsicht gelang es, die grosse Urne fast unverletzt zu heben. Es fand sich, dass sie ganz mit rohen Steinen umstellt war, also in einer Art Steinkiste sich befand, deren Deckel obige Steinplatte war. Bei der Untersuchung des Inhalts ergab sich, dass die Urne etwa bis zu einem Drittel der Höhe von einem mit viel Holzkohle vermischten Leichenbrand erfüllt war. Auf diesem Leichenbrand wurden als Beigaben zwei kleinere Urnen gefunden. Von anderen Beigaben, die über dem Leichenbrand in der grossen Urne lagen, sind noch zu erwähnen eine durchbohrte Kugel aus Blei von 2 cm Durchmesser, ein 12 cm langer Pfriemen aus Bein, ein Bronzeblech mit Bronzenieten, welches einst als Beschläg gedient haben mag, ein zerbrochener eiserner Ring und ein kleines gekrümmtes eisernes Messer von 20 cm Länge. Die eisernen Geräthschaften waren vollständig in Brauneisenstein umgewandelt. Tafel 44 giebt eine Anschauung dieses Grabfundes, die

Tafel 44.

Ansicht des Gräberfelds bei Klenik unfern Watsch während der Ausgrabungen im September 1878, nach v. Hochstetter.

1. 3/4.

2. 3/4.

Tafel 45.
Zwei Fibeln aus Bronze aus den Gräbern bei Watsch, nach v. Hochstetter.

Tafeln 45 und 46 geben Abbildungen interessanter Objecte (Fibeln) aus Gräbern desselben Urnenfeldes.

Wir versagen es uns, hier auch noch auf das höchst reichhaltige und ebenso interessante Urnenfeld von Maria-

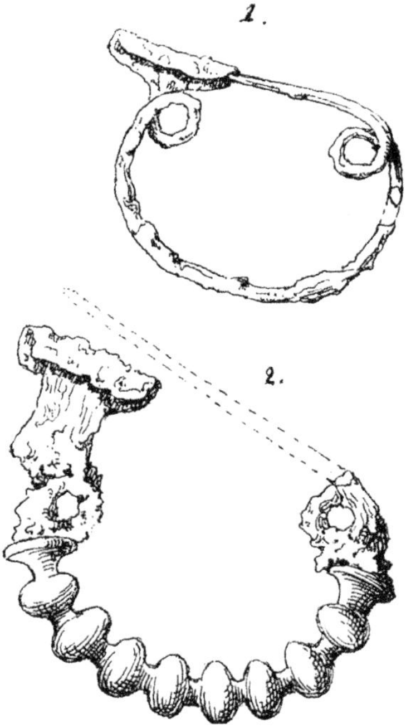

Tafel 46.

Zwei Fibeln aus den Gräbern von Watsch, nach v. Hochstetter.
1. Fibel aus Eisen. 2. Fibel mit Bügel aus Bronze, Nuthe und Nadel aus Eisen.

Rast in Steiermark, welches Graf v. Wurmbrand wissenschaftlich ausbeutete, einzugehen.

3. Flachgräber.

a. Grabfeld von Hallstatt.

Wir wenden unsere Aufmerksamkeit zunächst jenem in hoher Lage an abgelegener Stelle des oberösterreichischen Gebirgs aufgefundenen, wohl Jahrhunderte lang zur Bestattung benutzten

Gräberfeld zu, welches für die Alpenländer ausserordentlich wichtige Aufschlüsse über die vorrömische Periode gegeben hat.

Dasselbe ist in klassischer Weise von Dr. Ed. Frhrn. v. Sacken beschrieben worden.*)

Für die Anlage einer Ortschaft bietet das Seeufer bei Hallstatt keine Vortheile; es ist kaum ein kleines ebenes Plätzchen vorhanden, sondern die Häuser mussten an die ziemlich steil ansteigende Berglehne wie Schwalbennester über einander gebaut werden. So schroff und hoch steigen die umgebenden Bergwände an, dass ein Theil des Ortes im Winter drei Monate hindurch keine Sonne sieht. Und doch ist dieser abgelegene Ort von hohem Alter; die Ursache zur Ansiedelung gab das ausgedehnte Salzlager des westlich aufsteigenden Gebirgsstocks.

Nachdem man am Hallberg empor eine Höhe von 1130′ über dem Spiegel des Sees erstiegen, sieht man ein Hochthal vor sich, das sich sanft ansteigend in einer Länge von einer halben Stunde nach W. hinzieht, von den zerklüfteten Felswänden des Plassensteins abgeschlossen. In der Erhebung dieses Hochthals sind 16 Stollen, einer über dem anderen, gegen den Bergstock des Plassensteins eingetrieben, welcher das reiche Salzlager enthält, das gegenwärtig ausgebeutet wird. Zu beiden Seiten ist das Thal vom Kreuzberg (N.) und von dem theils bewaldeten, theils felsigen Siegkogel (S.) begrenzt, den Eingang beherrscht nördlich eine kleine Anhöhe mit dem mittelalterlichen Rudolfsthurm. Kaum hundert Schritte von den gegenwärtig benutzten Gebäuden und Wohnungen entfernt, an der südlichen Thalwand, befindet sich eine Wiese, von einem Buchenwald umsäumt, der sich an dem ziemlich steilen, mit zahlreichen abgestürzten Steinen und Felsblöcken bedeckten Abhang des Siegkogels hinaufzieht.

Hier in diesem abgelegenen Gebirgswinkel ist die Stelle, welche ein längst untergegangenes Volk vor mehr als zwei Jahrtausenden als Begräbnisstätte wählte, wo es in zahlreichen, den verstorbenen Angehörigen mit religiöser Pietät beigegebenen Gegenständen die sprechenden Documente seiner Culturstufe, seiner Sitten und Zustände, seines Handelsverkehrs und Wohl-

---

*) Das Grabfeld von Hallstatt in Oberösterreich und dessen Alterthümer.

standes in den Schoos der Erde niedergelegt hat. So gut wie Nichts berichtet uns die geschriebene Geschichte über das Dasein dieses Volkes, dessen Todte nun als redende Zeugen seiner Lebensthätigkeit vor unseren Augen erstehen.

Schon seit vielen Jahren wurden in der Nähe des Rudolfsthurms und am Hallberg von Zeit zu Zeit verschiedene Alterthümer. Werkzeuge aus Stein oder Bronze, Ringe und andere Schmuckstücke von Erz u. dgl. gefunden. Im November 1846 fand der k. k. Bergmeister J G Ramsauer bei Wegräumung der Dammerde behufs der Gewinnung von Wegschotter auf der beschriebenen Wiese südlich vom Rudolfsthurm, an dem ziemlich eben verlaufenden Abhang des Siegkogels, einen Menschenschädel und einen Bronzering, beim weiteren Abräumen des Erdreichs kam das ganze Skelett zum Vorschein, ganz nahe dabei, in einer Tiefe von 2½′ unter der Oberfläche ein zweites, völlig erhaltenes, mit einem schönen Armring aus Bronze geschmückt, bei welchem sich eine thönerne Urne befand. Der Grund wurde nun mit grosser Vorsicht langsam durchsucht und ein blossgelegter Fleck von vier Quadratklaftern enthielt sieben Skelette in zwei Reihen. Es ergab sich daraus, dass man es mit einer ordentlichen Bestattung, mit einem Gräberfelde zu thun habe. Herr Ramsauer verfolgte mit Herrn Steiger Isidor Engel, der bei allen Grabungen zugegen war und bei Öffnung jeden Grabes eine genaue Zeichnung über die Funde und ein fortlaufendes Fundprotokoll anfertigte, die Ausgrabungen für das k. k. Münz- und Antikencabinet. Bis zum Jahre 1864, in welchem die Ausgrabungen vorläufig geschlossen wurden, hatte der durchforschte Raum des Gräberfeldes eine Länge (in der Richtung von O. nach W.) von 92 und eine Breite von 16 bis zu 50 Klaftern, der Flächenraum betrug ungefähr 2 300 Quadratklaftern. Es wurden bis dahin im ganzen 993 Gräber geöffnet, in denen an Beigaben 6 084 Objecte gefunden wurden, meist Geräthe und Waffen aus Bronze oder Eisen, 3696 Schmucksachen von Bronze, Bernstein, Glas und Gold, 182 Gefässe aus Erz, 1244 Thongefässe. Der Fund ist in seiner Gesammtheit im k. k. Münz- und Antikencabinet in Wien aufgestellt. Seit jener Zeit wurden die Grabungen jedoch noch fortgesetzt, so dass nach v. Hochstetters Angabe gegenwärtig gegen 3000 Gräber geöffnet sind

Nach den Zeitperioden, in welchen die Hauptausgrabungen stattgefunden haben, unterscheiden die Bergarbeiter ein altes und ein neues Leichenfeld. Das alte ist jenes oben beschriebene, von Ramsauer ausgebeutete; nach dem Jahre 1864 wurden die Ausgrabungen namentlich für das Museum Francisco-Carolinum in Linz weiter gegen W. auf das sogenannte neue Leichenfeld ausgedehnt. Dieser westliche Theil liegt ganz im Wald. Im Jahre 1878 hat v. Hochstetter acht neue Gräber aufgedeckt, zum Zweck der Aufstellung ihres Gesammt-Inhalts mit dem Skelett im naturhistorischen Hofmuseum in Wien.

Das Leichenfeld erscheint als ein unregelmässig mit Steinen und Felsstücken bedeckter Waldboden; die Steine sind theils vom Siegkogel abgestürzte Trümmer, theils erratische Geschiebe aus dem Hintergrund des Salzbergthals. Von ehemals aufgeworfenen Hügeln ist keine Spur wahrzunehmen, wir haben es also hier mit Flachgräbern zu thun. Der Boden besteht aus ziemlich feinem Kalkschotter, von einer 1½ bis 3½′ mächtigen Lage schwarzer Dammerde bedeckt. Die Gräber liegen theils innerhalb der Dammerde 1 bis 1½′ tief, in den meisten Fällen zeigt sich aber der Humus bis auf den Schotter ausgegraben, und auf diesen wurde dann die Leiche gebettet. In der Regel zeigt sich der Boden des Grabes geebnet und festgeschlagen, mit feinem Schotter bedeckt, auch mit Sand oder lockerer Erde bestreut. Gewöhnlich wurde das Grab zuerst einige Zoll hoch mit Erde beschüttet, dann mit grösseren Steinen bedeckt — die bald nur einzeln neben einander gelegt, bald sorgfältig zusammengefügt wurden mit Ausfüllung der Zwischenräume durch kleinere Steine, — diese Bedeckung nimmt bisweilen fast die Form eines Steingewölbes an, jedoch zeigt sich nie eine Spur von Mörtel — und dann mit Erde zugeschüttet. Unter den erratischen Trümmern und Felsmassen oder dicht bei denselben kamen oftmals Gräber vor und es scheint, dass sie bisweilen gleich mit diesen Felsstücken überwälzt wurden, um sie vor Profanation zu schützen oder um die Stätte genauer zu bezeichnen.

Bei der Anlage der Gräber ist kein System, kein Einhalten von Reihen zu erkennen, obwohl die häufigste Richtung bei der

Beerdigung von O. gegen W. ist, so dass das Antlitz der Leiche sich gegen Sonnenaufgang wendet.

Die Bestattungsarten auf dem Leichenfeld sind verschieden, es kommt einfaches Begraben des Leichnams vor, und zwar bei etwas mehr als der Hälfte der Gräber, ausserdem aber auch Verbrennung und zwar meist des ganzen Leichnams; in einzelnen Fällen (dreizehnmal) fand sich aber auch der höchst merkwürdige Vorgang einer theilweisen Verbrennung, nämlich die Beerdigung einzelner Glieder des Leichnams und Verbrennung der anderen.

Bei der Beerdigung wurde mitunter der Leichnam auf grosse Steine oder nur der Kopf auf eine grössere Steinplatte gelegt. Selten findet man eine Bettung von gestampftem Lehm, dagegen kamen Lehmsärge neunmal vor (Tafel 47. 48). Diese bestehen aus 6—7′ langen, etwa 3′ breiten Mulden von schwach gebranntem Thon und sind theils oval theils oblong und an den Ecken abgerundet, mit einem 2—3″ hohen Rand versehen, ohne Deckel. Da der Thon grob, stark mit Sand gemischt und nur am offenen Feuer gebrannt ist, so sind sie sehr mürbe und in viele Stücke zerbrochen. Aus den meist ziemlich reichen Beigaben geht hervor, dass die in solchen Thonmulden Beerdigten der bemittelten Klasse angehörten.

Die Lage der Gerippe ist sehr mannigfaltig, doch ist die gewöhnliche jene auf dem Rücken, die Arme am Leibe hingestreckt; bald ist die eine Hand auf die Brust gelegt, oder die Leiche liegt auf der Seite in der Stellung eines ruhig Schlafenden etc. Häufig findet sich gemeinschaftliche Bestattung von zwei oder mehreren Verstorbenen in einem Grabe, meist deuten aber die Lageverhältnisse der Skelette dabei auf ungleichzeitiges Begräbniss hin, so dass man an eine Art von Erbbegräbnisstätten zu denken hat. Manchmal war aber die Beerdigung sicher gleichzeitig. So fanden sich in einem Grabe die Skelette zweier jugendlicher Frauen mit verschlungenen Armen, beide waren mit Armringen, Gehängen um den Hals, das eine mit 10 Haarnadeln geschmückt, die Kleider, in denen sie einst bestattet wurden, waren mit Fibeln zusammengehalten; ein aus Leder oder Baumrinde bestehender, mit Nägeln und Blechstücken aus Bronze besetzter Gürtel umschlang beide gemeinschaftlich.

Tafel 47.

Gräber aus dem Hallstätter Grabfeld, nach v. Sacken

1. Weibliches Skelett in einer Thonmulde. 2. Brandgrab mit Thonmulde und Beigaben.

Die Verbrennung der Leichen geschah nicht an der Stelle des Begräbnisses selbst, da sich davon keine Spuren finden. Die Überreste der manchmal in vollem Schmuck verbrannten Leichen (die Beigaben sind dann durch das Feuer mehr oder weniger geschmolzen und beschädigt) wurden sorg-

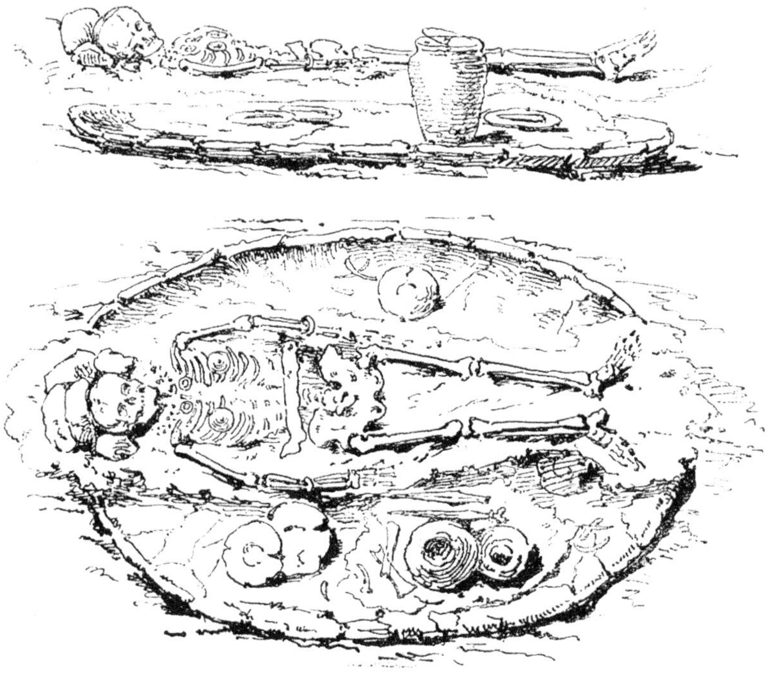

Tafel 48.

Gräber aus dem Hallstatter Grabfeld, nach v. Sacken.
Gemeinschaftliches Grab einer bestatteten und einer verbrannten Leiche in einer Thonmulde.

fältig gesammelt, und in regelmässige Gräber gebettet. In zwei Fällen fanden sich die Knochenreste in Bronzekesseln, nur einmal in einer Thonurne. Nicht selten fanden sich dagegen die Reste des Leichenbrandes in die beschriebenen Thonsärge von verschiedener Grösse eingelegt (Tafel 47. 48.) Reste von

Holzsärgen oder Kisten kamen im Grabfelde nur ganz vereinzelt (dreimal) vor.

Die vom Brande gesammelten Überreste nehmen in den Thon-Mulden gewöhnlich nur einen kleinen Theil derselben ein, der Rest des Platzes ist für die grösseren Beigaben aufbehalten,

Tafel 48 *a*.

Theilweise Verbrennung der Leiche; der Körper ist verbrannt, nur der Kopf unverbrannt auf Steine darüber gelegt.

die bei reichen Gräbern, bei denen Töpfe und Bronzegefässe (Tafel 49) beigegeben wurden, einen grösseren Raum erforderten, die kleineren Beigaben, Schmucksachen, Messer, selbst Waffen wurden auf die Asche gelegt. Über das Ganze wurden Kleider gebreitet, von denen sich nicht selten Spuren finden, sowohl Theile von dem Stoff, als die Knöpfchen, mit denen sie besetzt, die Schliessen, Fibeln und Gürtel, mit denen sie zusammengehalten waren. (Tafel 50). Ein sehr reich ausgestatteter Brand muss auf einen Teppich ganz mit Bronzeknöpfchen benäht

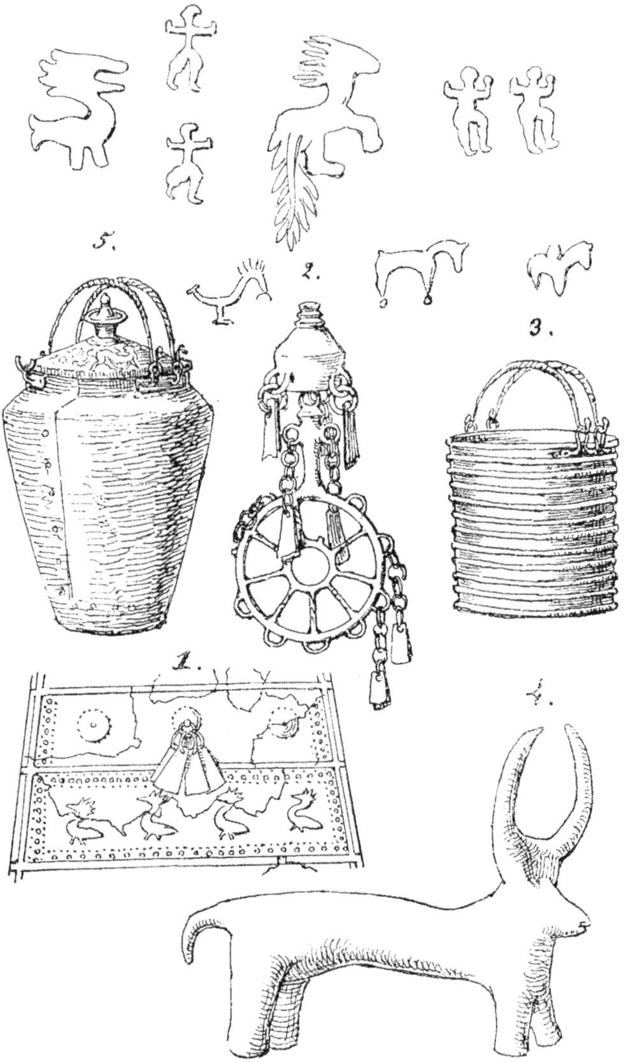

Tafel 49

Einige Grab-Beigaben aus Hallstatt, nach v. Sacken.

1. Bronzebrustplatte mit Klapperblechen. 2. Radförmiges Schmuckstück mit Anhängseln. 3. Gerippter Kessel aus Bronzeblech, genietet. 4. Bronzestier, natürl. Grösse. 5. Bronzekessel, auf dem Deckel Abbildung von geflügelten Löwen und Palmetten.

Die Oberseite der Tafel nehmen Abbildungen ein von Thieren und Menschen auf Bronzeblechen u. A.

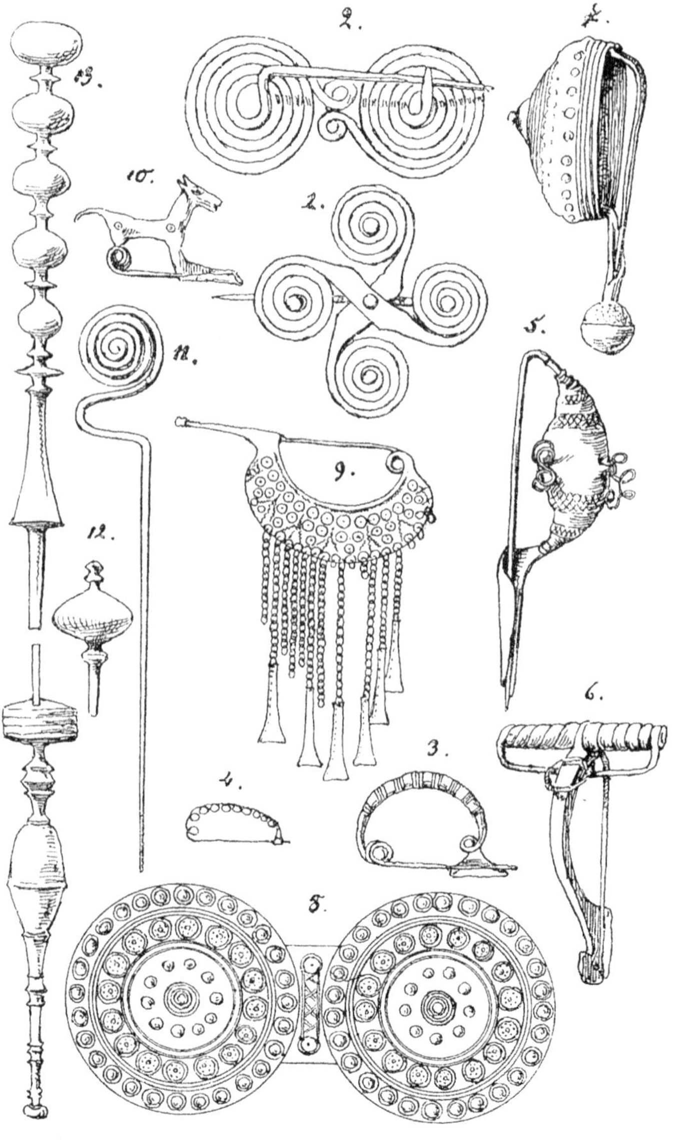

Einige ältere und jüngere Formen der Hallstätter Bronze-Nadeln und -Fibeln, nach v. Sacken.
1–10. Bronzefibeln. 11–12. Bronzenadeln. 13. Oberes und unteres Ende einer Bronzenadel, die Nadelspitze steckt in einem ornamentirten Verschlussstück.

gelegt worden sein, von denen sich mehrere hundert unter und neben den Brandresten in einer Ausbreitung von 5—6′ fanden.

Die so hergerichteten Gräber wurden wieder, wie die brandlosen, nachdem sie einige Zoll mit Erde beschüttet waren, fast ausnahmslos mit grossen Steinen bedeckt, gewöhnlich dicht neben einander gelegt zu einer Art von ohne Mörtel aufgebautem Gewölb. In manchen Fällen lag die Asche auf Steinen, die mit einer Steinüberlagerung eine Art Grabkammer bildeten.

Die Verbrennung kam meist, wie die Beigaben schliessen lassen, bei Reicheren zur Anwendung. Noch häufiger als bei Bestattung finden sich bei Verbrennung gemeinsame Einbettung in einem Grabe.

Tafel 48*a* gibt ein Beispiel einer theilweisen Verbrennung, die eine vorausgehende Zerstückung des Leichnams bedingte. Noch aus dem 7. Jahrhundert ist der Gebrauch, den Kopf abzutrennen und zu bestatten, den Leib dagegen zu verbrennen, constatirt (vgl. Lebensbeschreibung des heiligen Arnulfs, Bischof zu Metz). In Hallstatt finden sich aber auch andere Körpertheile der Leiche beerdigt, während der Kopf verbrannt wurde.

Wir lassen noch die Beschreibung einiger vollständiger Grabfunde theils von Beerdigungen, theils von Brandgräbern folgen

1 Beerdigungen. — (210) Das Skelett lag 1′ tief in der Erde, von W. nach O. sehend, die Hände über dem Leib gekreuzt und mit einem Bande aus Bronzeblech zusammengebunden. Den Schmuck bildeten zwei Spiralfibeln auf beiden Seiten der Brust, eine von der rechten Schulter gegen die linke Hüfte laufende Schärpe von Bronze mit reichen Verzierungen, an jedem Unterarm vier Spangen, um den Hals viele Bernsteinperlen, ein Bronzering mit beweglichem Stift, eine kleine Fibel und ein Anhängsel aus einem Ringe mit Tropfen bestehend.

(350). (Tafel 47, Fig. 1). Das 5′ lange, ohne Zweifel weibliche Skelett lag 4′ unter der Oberfläche in einer 7′ langen, 3′ breiten Mulde aus Thon; die Lage, mit dem Antlitz nach O. gekehrt, die Arme längs des Körpers ausgestreckt, ist die gewöhnliche. Vom Halse bis zu den Hüften befanden sich gegen 3000 kleine Bronzeknöpfchen von der Form runder Nietenknöpfe, inwendig

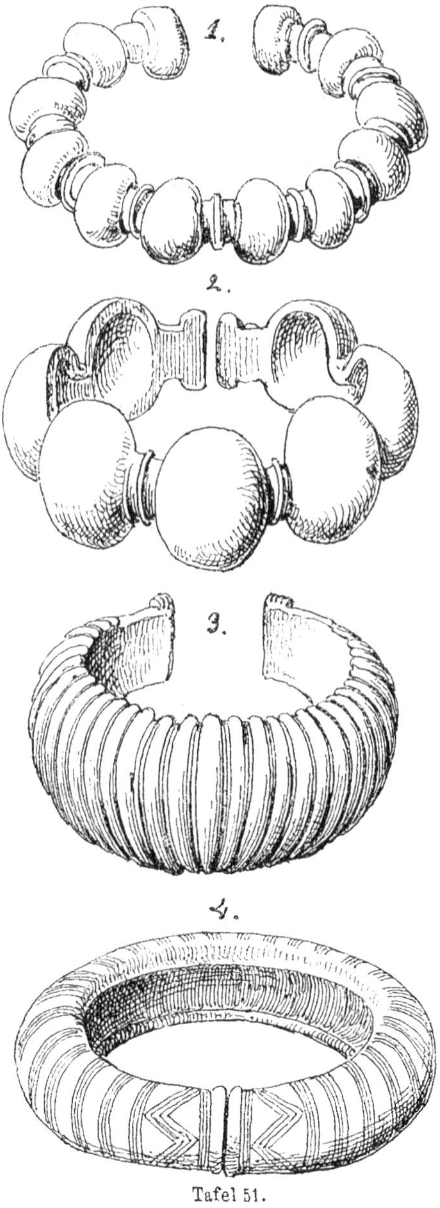

Tafel 51.
Einige Formen der Hallstätter Bronzearmringe, nach v. Sacken.

mit einem Öhr versehen, mittels dessen sie auf ein kurzes Kleid, das nach den vorhandenen Spuren aus Leder bestand, aufgenäht waren; viele klebten fest an den Knochen. Zwei Spiralfibeln scheinen das Gewand auf der Brust zusammengehalten zu haben, um die Mitte ein Gürtel, von dem auch noch die breite Schliesse erhalten ist; jeden Arm schmückte ein eierstabähnliches Armband (wie Tafel 51, Fig. 1. 2.), den Hals Bernstein- und gelbe Glasperlen, sowie ein ringförmiger, theils glatter, theils gewundener Golddraht, mehre Windungen von $1^{1}/_{2}''$ Durchmesser bildend, tiefer unten auf der Brust lagen zwei Bronzeringe. Vierzehn Nadeln mit kugelförmigen Köpfen scheinen strahlenförmig in das Haar gesteckt gewesen zu sein, da sie noch in dieser Lage mit der Spitze unter dem Kopfe vorgefunden wurden.

(Nr. 912.) 3′ tief in der Erde war der Leichnam in einer Thonmulde auf geebnetem Schotter gebettet, offenbar männlich, bei 6′ gross, in der gewöhnlichen Lage mit ausgestreckten Armen. Dabei sehr verrostete Eisenwaffen: eine Lanzenspitze, ein Messer, ein Beil, ferner ein Wetzstein, auf der Brust zwei Bronzenadeln mit Knöpfen, links neben dem Kopfe ein 10″ hoher Kessel, bei den Füssen eine Schale aus Bronze von 12″ Durchmesser, in welcher sich eine kleinere aus Thon befand.

2. Leichenbrände. — Das Grab Nr. 507 enthielt den am reichsten ausgestatteten Leichenbrand und dürfte der Natur der Beigaben nach von einem Häuptling herrühren. Die Brandreste befanden sich in einer Tiefe von 6′, in einer Thonmulde von 6′ Länge und 9′ Breite auf geebnetem Schotter und waren mit gewölbartig zusammengelegten Steinen sorgfältig bedeckt; auf diesen fanden sich Kohlen, zerbrochenes Thongeschirr nebst einem grossen Eisenmesser (vielleicht vom Todtenmahle), darüber abermals grosse Steine, deren Zwischenräume mit kleineren Steinen ausgefüllt waren. Die auf den Knochenresten gefundenen Gegenstände sind folgende: ein bei 3′ langes Eisenschwert, mit einem Knauf, der mit Bernstein eingelegt ist (Tafel 10, Fig. 1. 6), eine Platte aus Bronzeblech, 9″ lang, oben $4^{1}/_{2}$, unten $6^{1}/_{2}''$ breit, mit erhabenen Pferde- und Vogelgestalten und mit Buckeln, an denen Kettchen mit Klapperblechen hängen, reich geziert (Tafel 49, Fig. 1), vielleicht eine Brustplatte, drei Zierstücke

schüsselförmig, ebenfalls mit derlei Gehängen versehen, ein radförmiges Schmuckstück (Tafel 49, Fig. 2) mit Stiel, an der Peripherie kleine Ringe, in denen wieder Kettchen mit blatt-

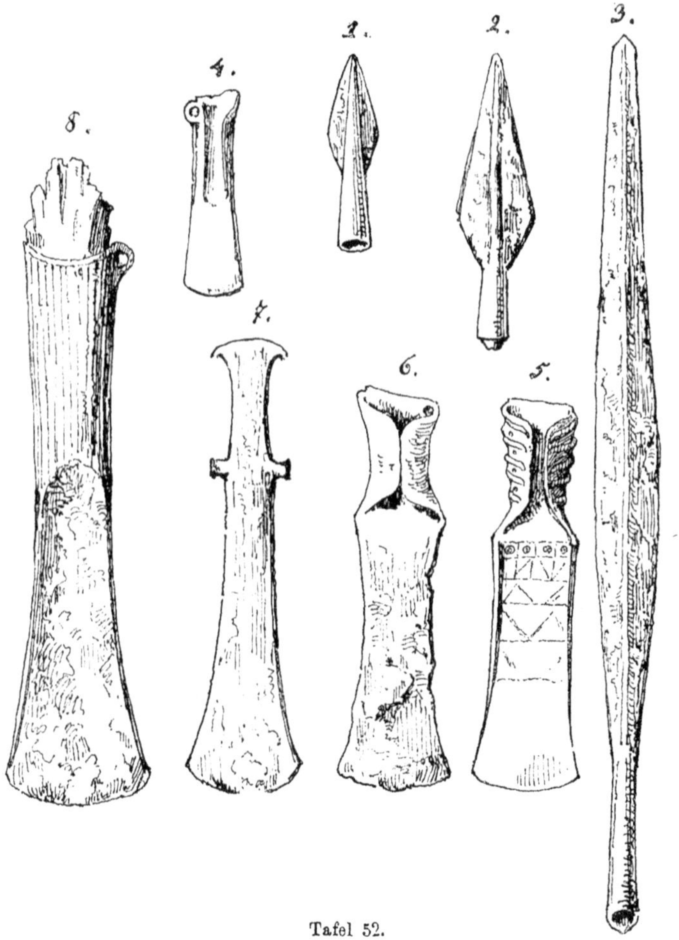

Tafel 52.

Einige Formen der Kelte (Äxte) und Lanzenspitzen in Hallstatt, nach v. Sacken.

1. 2. 3. Eiserne Lanzenspitzen. 4. 5. Bronzekelte. 6. 7. 8. Eisenkelte.

artigen Blechen hängen, zwei lange Nadeln mit Vorsteckstücken, (Tafel 50, Fig. 13), ein sehr wohlerhaltener Gürtel von 1″ Breite, eine kleine Axt (Berghacke, Barthe) oder Beschlag eines Stabes, rückwärts mit einem Pferde verziert, zwei Armringe und mehrere kleine Bronzeringe, ein kleines eisernes Messer, dessen Griff mit einem Streifen von Bronzeblech umwunden ist. Um die Asche herum standen mehrere Gefässe aus Bronze: zwei grosse Schalen mit Fuss, am Rand mit gepressten Schwanen und Sonnen versehen, eine dritte etwas kleinere mit Punkten verziert, drei grosse Kessel, 20, 40 und 30″ hoch, ein kleinerer von 10″ Höhe mit Tragreifen, endlich ein seltsamer, fast cylindrischer Untersatz aus breiten, durch Spangen und gekreuzte Stäbchen verbundenen Reifen bestehend, allenthalben mit Schwanen geziert, oben und unten offen. Von den zahlreichen Thongefässen befanden sich zwei kleine Schalen in den grösseren Bronzekesseln, zwei andere enthielten merkwürdige Bronzegegenstände, nämlich einen sehr roh, ganz rund gearbeiteten Stier (Tafel 49, *Fig.* 4) und ein Thier mit langen Hörnern, welches wohl einen Hirsch vorstellen soll, endlich eine grosse Menge ganz kleiner flacher Bronzeperlen, welche aneinandergereiht ein Gehänge von 3′ Länge darstellen.

In dem Hallstätter Gräberfeld fand sich in einem Grabe auch ein zerbrochener Steinhammer, also Stein neben Bronze und Eisen.

Von anderen Funden verdient vor allem noch Beachtung, dass in zwei Gräbern sich Reste von Metallguss und Schlacken fanden, welche die Leichen als solche von Metallarbeitern kennzeichneten. Eines dieser Gräber enthielt neben anderen Beigaben einen Metallkuchen aus Bronze, eine ringförmige, weisse, geschmolzene Metallmasse von $3^1/_2$ Loth Gewicht, aus Kupfer und Wismuth zu etwa gleichen Theilen bestehend und einige faustgrosse Schlackenstücke. In dem zweiten dieser Gräber fand sich ausser einer Bronzenadel mit kugeligem Kopf ein Stück Rotheisenstein, eine Eisenschlacke und eine aufgeblähte blasige Schlackenmasse, ebenfalls das Resultat eines hüttenmännischen Processes.

Die Mitgaben erhalten dadurch grössere Bedeutung, da aus ihnen hervorgeht, dass zur Zeit der Anlage des Hallstätter Gräberfeldes Metallguss, Hütten- und Bergwesen von den hier Begrabenen selbst geübt wurde.

Für Verbindung mit dem Mittelmeer spricht unter den Grabbeigaben der Fund von Schneckengehäusen wie solche nur im Meere vorkommen, namentlich die Purpurschnecke (*Murex brandaris*).

Als Amulette fanden sich durchbohrte Zähne, namentlich vom Bären, Wolf und Eber. Die Reste sonstiger Thierknochen in den Gräbern mögen meist Reste des Todtenmahles sein, vorwiegend waren es Zähne und Kieferstücke.

b Reihengräber der Völkerwanderungszeit.
(vgl. Tafel 10 und 53.)

Während in der vorgermanischen Zeit sich die Süddonauländer fast überall auf das Innigste an die antike Cultur der Mittelmeerländer anschlossen, sehen wir mit der Besitznahme der einst römischen Provinzen durch die deutschen Stämme ein vielfach originelles Culturleben aus den Trümmern des alten erstehen.

Mit den Siegern zogen neue Gebräuche, neue Sitten, neue Arten von Waffen, Geräthen und Gefässen und eine unverkennbare, eigenthümliche Verzierungsweise ein. Die wichtigsten Reste dieser Periode der Vorzeit finden sich namentlich in dem Gebiet der Franken, Alemannen, Burgunder, Baiern in Begräbnisstätten, denen der Leichenbrand fehlt, niedergelegt, welche eine überraschende Gleichartigkeit der Todtenbestattung sowohl als der Leichen-Beigaben zeigen. Das Begräbniss fand in reihenweise neben einander liegenden, durch keinen Hügel kenntlich gemachten reihenweise angeordneten Flachgräbern, in Reihengräbern statt.

Es wäre nach dem bisher Mitgetheilten falsch, wenn wir das Charakteristische der Reihengräber in der Begräbnissart als solcher finden wollten. Schon vor der Völkerwanderungszeit war bei Kelten, Germanen, Slaven so wie auch bei den Römern die Bestattung in Flachgräbern üblich, wie wir ja eben im Hallstätter Todtenfelde eines der ausgezeichnetsten Beispiele für diese Bestattungsart aus der Zeit lange vor der Völkerwanderung kennen gelernt haben. In Rom und den römischen Provinzen soll schon von Ende des 2. Jahrhunderts an der Leichenbrand immer seltener geworden sein. Dagegen warfen die Sachsen noch im 8. und 9. nachchristlichen Jahrhundert Hügel über die Reste ihrer Todten auf.

Der Gebrauch der Begräbnisse in den eigentlichen Reihengräbern ohne viel Änderung in der alterthümlichen Art erstreckt sich etwa vom 4. bis in's 8. ja 9. Jahrhundert n. Chr., d. h. bis zur allgemeinen Christianisirung der betreffenden Gegenden. Die Richtung der Gräber ist meist von O. nach W., so dass das Gesicht der Leiche dem Sonnenaufgang zugerichtet war. Meist streichen die Gräberreihen von S. nach N. an sanft geneigten Abhängen hin. Die oft sehr zahlreich belegten Gräberfelder finden sich meist an oder nahe bei Strassen, deren Erbauung den Römern zugeschrieben wird, sowie bei den in den ältesten Urkunden genannten Orten oder in diesen selbst, nicht wie meist die ältesten Grabhügel fern von den Wohnsitzen und den Verkehrswegen.

Trotz der allgemeinen Gleichartigkeit in der Anlage der Reihengräber zeigen sich einige Unterschiede, welche nach der Angabe des Herrn Würdinger*) auf Stammesverschiedenheit hinzudeuten scheinen. Bei einem Theil der Gräberanlagen wird der Leichnam vor Vermischung mit der „gewachsenen Erde" des Bodens möglichst sorgfältig geschützt, indem er ganz oder theilweise mit Steinplatten oder einem rohen Gewölbebau aus Feldsteinen bedeckt oder in einen Holzsarg gelegt wurde, während man bei der zweiten Gattung der Gräber höchstens ein Brett als Unterlage oder Bedeckung des Leichnams verwendete oder letzteren nur mit Holzkohle bestreute.

Die erstere Gruppe von Gräbern wird am entschiedensten charakterisirt durch die viel selteneren sogenannten Plattengräber, die zweite durch die Furchen- oder Reihengräber, wie sie gewöhnlich beobachtet werden.

Die Plattengräber bestehen aus einer von flachen Steinen, die unter einander nicht mit Mörtel verbunden sind, gebildeten Grabkammer oder Steinsarg, welcher mit einem Deckel von plattenförmigen Tuffsteinen oder Sandsteinen bedeckt ist. Wenn

*) 1. Prähistorische Funde in Baiern. Vortrag gehalten am 9. August 1875 in der Generalversammlung der deutschen anthropologischen Gesellschaft, auch Correspondenzblatt 1875. 2. Die Platten- und Reihengräber in Baiern. Beiträge zur Anthropologie und Urgeschichte Baierns. Bd I. S. 141.

den Boden nicht Platten oder Ziegelstücke bilden, so ist die Erde wenigstens mit Asche bestreut. Die Länge der Steinkisten beträgt 7 bis 8′, die Breite 2 bis 3, die Höhe des inneren mit Erde ausgefüllten Raumes $2^1/_2$ bis 3′, die Dicke der einzelnen Platten ist 7 bis 10″. In Gräbern, in welchen Nachbegräbnisse stattgefunden hatten, lagen mehrmals die Gebeine der früher Bestatteten zu Füssen der später eingelegten Leiche. Wo der Begräbnissplatz über einen Felsgrund läuft, fanden sich mehrfach die Gräber in diesen eingehauen, die Leichen mit Erde bedeckt und darüber Steinplatten gelegt. Die Beigaben in diesen Gräbern sind meist ziemlich spärlich und fehlen oft ganz. In den Männergräbern finden sich meist nur Eisenwaffen: Spiesse mit 13—14″ langen Spitzen, das ein- oder zweischneidige Schwert und andere aus den eigentlichen Reihengräbern besser bekannte Objecte, namentlich Schmuckgeräthe. Herr Würdinger meint, dass wenigstens in Baiern die Plattengräber vorzugsweise den Alemannen zuzusprechen seien.

Die eigentlichen Furchen- oder Reihengräber liegen meist sehr zahlreich beisammen in regelmässigen Reihen und mit gleichen Zwischenräumen meist, wie schon mehrfach erwähnt, an sanft abfallenden Hügeln angelegt, manchmal in mehreren Gräberlagen über einander. Die Gräber sind viereckig, meist in einer Tiefe von 3 bis 6′ angelegt. Die gewachsene Erde, hie und da die Reste eines Brettes bilden den Boden, die Leiche ist in lockere meist schwärzliche Erde gebettet, manchmal mit einer Lage von Steinen bedeckt. Die Arme der Leiche sind entweder längs dem Körper gestreckt oder über Brust oder Leib gekreuzt.

Neben den Leichen der Männer, meist auf der rechten Seite, findet sich (Tafel 10) die Spatha, ein $2^1/_2$ bis $3^1/_2$′ langes, 2 bis 3″ breites, zweischneidiges Schwert, oder der Scramasax, das $1^1/_2$ bis 2′ lange, $1^1/_2$ bis $2^1/_2$″ breite kurze einschneidige Schwert mit breitem Rücken und einer langen Griffangel, Messer von verschiedener Länge für Kriegs- und Hausgebrauch, Äxte zum Hieb wie zum Werfen, von denen die eigentliche Form der Franziska bisher nur bis zum linken Lechufer nachgewiesen worden ist, Wurf- und Stosspeere, hie und da auch der lange Eisenspeer, der Angon, Schildgespänge und Schildbuckel, Umbo, seltener sind Pfeilspitzen und Reste von Bogen. Vom Zaumzeug des Pferdes fanden sich zahlreich Trensen in verschiedener Form. Die Schmuckgegenstände sind für die Reihengräber besonders bezeichnend. Es sind eiserne und silbertauschirte Gürtelschnallen und ebenso verzierte Beschläge von Riemen und Bändern, Gewandnadeln mit breitem Kopfende, öfter auch in Scheibenform von Gold und Silber mit Filigranarbeit, eingesetztem farbigem Glas und Ornamenten in Niello, oder von Kupfer und Erz mit Einlagen von Gold, Silber, Elfenbein oder Glas. Die Arm- und Fingerringe sind dagegen meist sehr einfach, erstere oft in der Form einer doppelten Tube, die Ohrringe sind aus einfach zusammengebogenem Metalldraht, aber oft mit sehr geschmackvollen und prächtigen Anhängen. Es finden sich durchbrochene Zierscheiben aus Erz mit Thier- und Menschenfiguren, daneben auch Hirschhornplatten. Der Halsschmuck besteht aus Thon-, Porcellan- und Glasperlen, bei denen die Farben orange, hellgelb, roth vorherrschen, selten wurden Bernsteinketten gefunden. Zwischen den Perlen befinden sich öfter an Ösen befestigte Münzen, alle, wie auch die in den Gräbern ungeöhrt gefundenen Münzen der letzten römischen Kaiserzeit und der Merovingerzeit angehörend. An Geräthschaften finden sich Ringe mit Zängelchen, Ohrlöffel, Zahnstocher, dann Kämme aus Bein mit specifischer Kreisverzierung, Schlüssel mit rautenförmigem Griff, kleine bronzebeschlagene Eimer u. m. a.

In der Abbildung Tafel 53 geben wir nach Lindenschmit*) die berühmten Funde aus dem Grabe des Frankenkönigs Childerich (gest. 481), welches im Jahre 1631 zu St. Brixius in Doornik ausgegraben wurde.

4. Römische Gräber.

Nicht nur an Stelle der grösseren, sondern auch bei kleineren römischen Ansiedelungen finden wir römische Gräber, welche sich wesentlich von den bisher besprochenen unterscheiden.

Wenn sie auch nicht der eigentlichen Vorgeschichte angehören, so ist ihre Untersuchung doch für diese von grösster

*) Handbuch der deutschen Alterthumskunde Bd. I. Heft I.

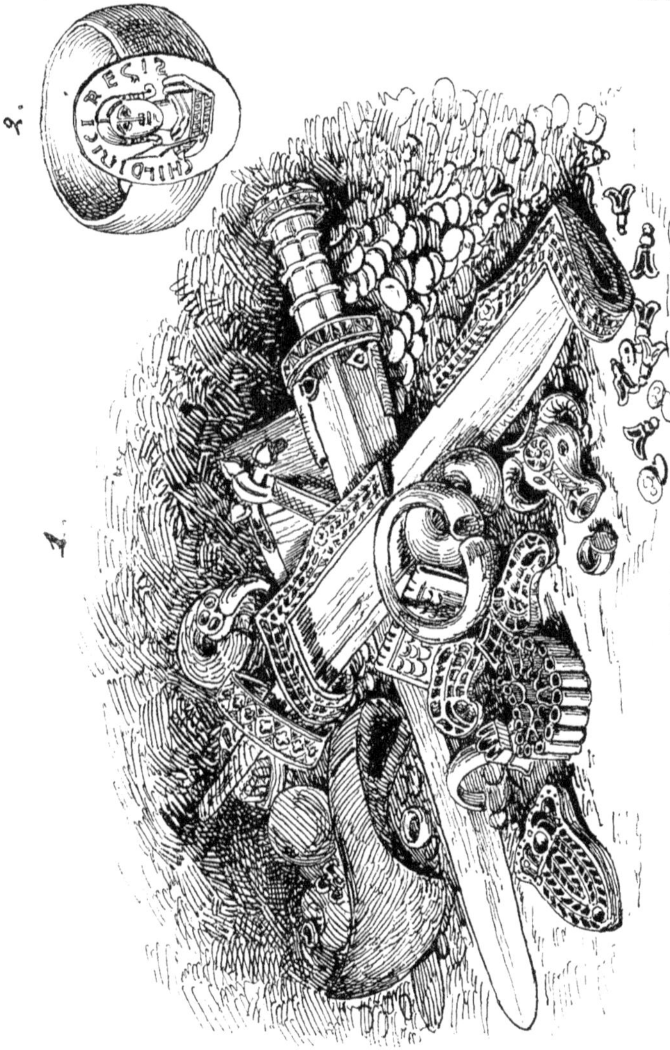

Tafel 53.

Beigaben aus dem Grabe Childerich's nach Lindenschmit.

1. Gesammtsansicht. 2. Der Fingerring mit dem Brustbild des Königs in ganzer Grosse.

Bedeutung, und die Beobachtungen der letzten Jahre haben bewiesen, dass das sorgfältige Studium der Römerfunde uns fast die einzige Möglichkeit zu einer wirklich exacten zeitlichen Datirung der vorhistorischen Perioden, sowohl der vor- als nachrömischen darbieten.

Wir wählen für die Orientirung bei Untersuchung römischer Gräber einige genaue Fundberichte aus dem Alpengebiet der Schweiz.

Bei dem Orte Baden in der Schweiz (Aquae, vicus aquensis) wurden von F. Keller*) römische Gräber, wie gewöhnlich ausserhalb der Stadt zur Seite einer der gangbarsten Strassen gelegen, untersucht.

Eines der Gräber (Tafel 54, Fig. 4.), welches wie die übrigen in einer Tiefe von etwa 70 cm entdeckt wurde, bestand in einer Kammer von vier schief gegen einander gestellten breiten römischen Dachziegeln, über deren oberen Rand zwei Hohlziegel gelegt waren. Zwei vor die Seitenöffnungen des dachfirstähnlichen Gehäuses hingelehnte Leistenziegel vollendeten den Verschluss des Grabes. Alle sechs Ziegel sind mit den Stempeln der XXI. und XI. Legion versehen (LEG. XXI und LEG. XI C. P. F. = Claudia pia fidelis.) (Tafel 37.) In der Mitte des kleinen Todtenhauses stand auf einem Kalkgusse, der den natürlichen Boden bedeckte, ein nicht ohne Kunst aus blaugrünem Glas verfertigtes, 23 cm hohes und 22 cm im Durchmesser haltendes, cylinderförmiges, mit weitem Hals versehenes Gefäss (Tafel 54, Fig. 1), welches die verbrannten Gebeine eines, nach der Beschaffenheit der Kiefer zu urtheilen, jugendlichen Körpers in sich schloss. Eine Kupfermünze, deren Gepräge durch Oxydation zerstört war, mehrere Klumpen blauen und grünen Glases, offenbar Überreste von Flaschen, die auf den Scheiterhaufen gelegt waren, und ein sogenanntes Lacrymatorium oder Thränenfläschchen aus Glas, befanden sich ebenfalls in der Urne, die mit einem Stück Ziegel bedeckt und von einem Haufen Asche umgeben war, welcher von dem verbrannten Holzstoss herrührte. Um das Gefäss herum standen mehrere kleine einhenkelige weitbauchige Gefässe aus gelblichem Thon, mit langem

*) Mittheilungen der antiquarischen Gesellschaft in Zürich Bd. XII Hft. IV.

1.

2.

3.

4.

Tafel 54.
Römische Gräber und Grabbeigaben aus Baden in der Schweiz, nach F. Keller.

Hals und enger Öffnung, von der Art, wie man sie unter dem hausräthlichen Geschirr in den Ruinen römischer Häuser in Menge antrifft.

In vier anderen Gräbern (Tafel 54, Fig. 3) lagen je in einer schlanken, aus hellgelbem Thon geformten henkellosen Aschenurne die Überreste der verbrannten Todten nebst Münzen und Klumpen intensiv gefärbten blauen Glases. Auch sie waren in einen Haufen Asche gestellt und von mehreren flachen und schalenartigen Thongefassen umgeben, welche einst die Bestimmung hatten, Getränke und Speise aufzunehmen. Dem Anschein nach waren die Urnen in die blosse Erde eingesenkt worden, denn eine Einfassung aus Ziegeln oder Steinplatten war nicht vorhanden; allein der Umstand, dass jede dieser Urnen von bräunlicher Erde umgeben war, welche 20—30 eiserne Nägel enthielt, führte zu der sicheren Vermuthung, die Aschenkrüge seien ursprünglich nicht in freier Erde, sondern in einem hölzernen Gehäuse, dessen einzelne Stücke die Nägel zusammenhielten, beigesetzt gewesen. Sonderbarer Weise befanden sich in jedem Grabe unter den Nägeln, die den heutigen völlig ähnlich sind, etwa ein halb dutzend Stücke von viel grösserer Dimension, welche für die Bretter der Grabkiste viel zu lang und zu dick gewesen wären. Ob diese Nägel zur Aufrechthaltung des Holzstosses gedient oder zur Bahre gehört haben, auf welcher der Leichnam auf den Scheiterhaufen gelegt wurde, ist nicht zu entscheiden. — Ein Grab, obwohl ebenfalls mit Bretterwänden eingefasst, entbehrte der gewöhnlichen Todtenurne (Tafel 54, Fig. 2.) Die Asche des verbrannten Körpers war nämlich nur in die Hälfte eines zerbrochenen weitbauchigen Topfes gesammelt, in dieser in die Grabkiste gesenkt und dann mit der Asche des Holzstosses und einer grossen Zahl von Scherben der verschiedenartigsten Thongeschirre, wie Schüsseln, Krüge, Amphoren bedeckt worden Die gewöhnliche Beigabe der kleinen Gefässe und die Glasklumpen fanden sich hier nicht, wohl aber die Münze, die bekanntlich zum Ritus der römischen Todtenbeisetzung gehörte, und einige Überbleibsel durch Feuer zerstörter bronzener Schmucksachen.

In den ersten Jahrhunderten war, wie oben schon bemerkt, bei den Römern in Italien wie in den transalpinen Provinzen des Reichs die Verbrennung und Einurnung, wenn nicht die ausschliessliche doch die bei weitem vorherrschende Bestattungsart, während im 3. Jahrhundert das Begraben der Leichname erst nur häufiger und dann durchgängig angewendet wurde.

Grossartige Beobachtungen über römische Begräbnisstätten in den Donauprovinzen wurden in der letzten Jahren von Herrn Dahlem*) in Regensburg gemacht, in der alten Castra regina, die als eine grosse Militärstadt, wie inschriftlich nachgewiesen, von Marc Aurel und seinem Sohn Commodus zwischen den Jahren 170—190 erbaut und von da an bis zur Auflösung des römischen Reichs von der Legio tertia italica besetzt war. Die Beerdigungsplätze finden sich an dreien von den vier Hauptthoren und ziehen längs der Strassen, insbesondere an der Heerstrasse nach Augsburg hin, wo sich der instructivste und interessanteste Beerdigungsplatz fand. Er erstreckt sich etwa 1/4 Stunde weit von dem Ende der Civilstadt, anschliessend an die Porta principalis sinistra des im Viereck gebauten Castrum gegen das Dorf Kumpfmühl. Beim Bahnbau wurde hier eine Fläche von 5—6 Tagwerken völlig abgehoben und dabei mehr als 6000 Gräber, Urnen- und Leichenbeerdigung zeigend, aufgedeckt, während die beiden anderen Friedhöfe weniger reich belegt waren. Auch hier bestätigte es sich, dass nach und nach an Stelle der Leichenverbrennung die Beerdigung trat mit einer Orientirung des Angesichtes der Leiche nach Osten, woraus sich die entsprechende noch heute übliche Begräbniss-Sitte entwickelte. Die Regensburger Gräberfunde sind darum von so grosser Bedeutung, weil sie vom Ende des 2. Jahrhunderts bis in die Merowingerzeit herein die Übergänge der Bestattungen und der Grabbeigaben uns aufbehalten haben. Die Funde in Regensburg beweisen, dass auch die bekannten römischen Steinsärge vollkommen in die Erde vergraben zu werden pflegten.

Herr Dahlem macht bezüglich der Armringe darauf aufmerksam, dass diese in der römischen Zeit in ganz charakteristischer Weise anders gestaltet waren als in der merovingischen — oder Reihengräberzeit. In römischer Zeit schliesst

*) Correspondenzblatt der deutschen anthropologischen Gesellschaft. 1880. Bericht der XI. allgemeinen Versammlung in Berlin.

sich der Armreif den älteren Formen aus Hügelgräberfunden an, indem die dickere Seite des Drahtes dem Spalte gegenüber liegt, der durch den Ring gemacht ist, durch welchen er sich öffnet. In der merovingischen Zeit aber findet sich, wie wir sahen, gerade das Gegentheil, nämlich dass der Spalt durch die dicken Theile des Ringes mitten hindurch geht (vgl. Tafel 6, 51 und 53.)

5. Die Ausgrabungsmethoden mit Bemerkungen über den inneren Bau der Gräber und Grabhügel.

Im allgemeinen gilt die Regel für alle Gräber, dass die Eröffnung sehr vorsichtig, Schicht für Schicht, erfolgen muss, entweder so dass man von einer Seite das Grab ausräumt, oder so dass die ganze Oberfläche schichtweise abgetragen wird. Kommt man auf die Leichen oder auf Urnen oder Beigaben, so ist jede Übereilung in der Herausnahme zu vermeiden. Am besten gelingt die letztere, wenn die einzelnen Theile in ihrer natürlichen Lage allmählich mit kleinen Handspaten, sog. Pflanzenstechern, Messern oder Löffeln von der umgebenden Erde isolirt und wenigstens für einige Zeit der Luft ausgesetzt werden, damit sie wieder trocken und hart werden. Sonst bringt man gewöhnlich nur Scherben und Trümmer heraus.

In Beziehung auf kleinere Hügelgräber ist die beste Methode die regelmässige, schichtweise Abtragung des Hügels. Damit ermöglicht sich der Forscher die absolut nothwendige Angabe der Lage der Fundgegenstände in jeder Schichte. Bei etwas grösseren Hügeln kann man zunächst rundum verticale Schichten bis auf den gewachsenen Boden abtragen, der endlich stehenbleibende Mittelpfeiler, welcher die Hauptfundobjecte enthält, wird dann in horizontalen Schichten abgetragen. Nur im Nothfall darf man sich des einfachen Grabendurchschnitts von dem Rand anfangend durch die Mitte des Hügels bedienen. Der Kesselausstich der alten Schatzgräber in den Hügeln sollte niemals in Anwendung kommen.

Für die Untersuchung von Gräbern und Grabhügeln mit besonderer Rücksicht auf die grösseren Grabhügel, die sogenannten Tumuli, hat Freiherr v. Sacken eine eingehende

Instruction entworfen*). Wir fügen sie hier grossen Theils bei, obwohl sich diese grösste Art von Grabhügeln meist in Ebenen findet.

Es sind einzelne kegelförmige Hügel, die offenbar künstlich aufgeworfen sind und die nicht unbeträchtliche Höhe von 40 bis 50′ bei entsprechendem Durchmesser haben. In den österreichischen Ländern stehen derartige Tumuli z. B. neben der Kirche zu Deutsch-Altenburg, bei Hainburg, bei Zogelsdorf nächst Stockerau, an jedem Ende des Marktes Ober-Hollabrunn, bei Weikersdorf in Niederösterreich; sie finden sich ferner in Steiermark und ganz Ungarn und reichen weit in die Türkei, wo sie besonders zahlreich sind. Über die Ausgrabung zweier solcher grosser Hügel, „Fürstenhügel" in Württemberg haben wir oben nach Fraas berichtet.

Durch ihre absonderliche Grösse sowie durch ihre Vereinzelung unterscheiden sie sich von den gewöhnlichen, weit niedrigeren und in Gruppen beisammen stehenden heidnischen Grabhügeln, die fast überall häufig sind.

Die aus Erde aufgeworfenen, einzeln und frei aus der Ebene oder von einer Hügelkuppe aufsteigenden kegelförmigen Tumuli sind leicht zu erkennen und mit natürlichen Hügeln kaum zu verwechseln.

In Beziehung auf ihre Erforschung ist zunächst die genaue Localaufnahme des Hügels und Einzeichnung in eine Specialkarte erforderlich

Für die nähere Untersuchung des Hügels selbst ist folgender Gang einzuschlagen·

Nach vorgenommener genauer Messung des Hügels wird es in den meisten Fällen das Zweckmässigste sein, einen Gang oder Stollen, im Nothfall bergmännisch, durch Holzeinbau geschützt, wie es Herr Fraas ausführte, durch den Mittelpunkt desselben im Niveau des äusseren Bodens zu graben, wobei man zwei Punkte der Peripherie und den Mittelpunkt kennen lernt. Damit ist es aber noch keineswegs genug, sondern es muss auch, wenn die Höhe zu gross ist, um einen offenen Gang durchzugraben, vom Scheitel gegen den Mittelpunkt ein breiter Schacht gegraben werden, denn verschiedene

---

*) Mittheilungen der anthropologischen Gesellschaft in Wien. Bd. I S. 38.

Beispiele haben gezeigt, dass die Grabstätten in Hügeln in deren Mitte und zwar entweder im Niveau des äusseren Bodens oder weit über demselben, sogar in der Mitte der Hügelhöhe, ja noch höher liegen. Aber sie wurden bisweilen auch tiefer als die Basis des Tumulus ist, angelegt, daher man jedenfalls in der Mitte tiefer graben muss als der Durchstich, bis auf den gewachsenen Boden.

Um Grabstätten in der Peripherie sicher zu finden, müsste der Hügel nach allen Seiten durchsucht werden.

Es ist zu beachten, ob der Hügel mit Steinen umkränzt ist, oder ob sich in dessen Innern eine regelmässige Steinsetzung befindet, die dann zu verfolgen ist. Stösst man auf einen aus Steinen zusammengesetzten Gang, so wird man be Verfolgung desselben sicher auf die Grabstätte kommen.

Stösst man beim Graben auf regelmässig gelegte Steine, Gefässe, Asche mit Kohle vermischt, oder auf schwärzliche fettige Erde, die gewöhnlich durch Verwesung des Leichnams entstanden ist, so muss mit grösserer Vorsicht weiter geforscht werden. Man soll sich nach v. Sacken nunmehr nur noch kleiner, etwa hölzerner Werkzeuge, nach Umständen auch nur der Hände beim Graben bedienen, auch muss die Erde durchgesiebt werden, damit kleine Gegenstände nicht verworfen werden. Man mache nun von oben Luft, damit man zu den Objecten von oben herab, nicht von der Seite gelange. Es sollen die aufgedeckten Fundstücke nicht sogleich weggenommen, sondern womöglich bis zum Schluss der Untersuchung auf ihrem Platz liegen gelassen werden, worauf man eine Zeichnung oder Situationsplan von der ganzen Ausgrabung mit genauer Bezeichnung der Gegenstände macht, dann erst dieselben aushebt Während des Grabens wird man gut thun, letztere mit dünnen Holzbrettchen zu bedecken, damit sie durch die herabrollenden Steine nicht beschädigt und im Fall, dass sie wieder mit Erde bedeckt wurden, leicht wieder aufgefunden werden können.

In Bezug auf den Begräbnissplatz ist zu beachten, ob das Skelett auf Schotter, gestampftem Lehm oder in einem Sarge liege, ob es mit feiner Erde, Sand oder Asche bestreut worden, ob es ganz oder blos am Kopfe mit Steinen umstellt sei. Beim

Skelett selbst muss dessen Orientirung, Lage und Ausstattung bemerkt werden. Ähnlich sind die Umstände bei Brandgräbern in's Auge zu fassen, ob die Verbrennung an derselben Stelle vorgenommen wurde, was aus der grossen Menge von Kohlenresten und Brandspuren an Steinen, Lehm und Erde zu erkennen ist — oder ob die verbrannten Überreste von der Verbrennungsstätte, Ustrine, hierher gebracht worden seien, ob mit Steinen umstellt, auf geebneten Schotter gelegt u. s. w.

Auf Reste von Holzmoder ist genau Acht zu geben, da aus dessen Menge und Lage sich schliessen lässt, ob ein Holzsarg, etwa ein Klotzsarg vorhanden war oder nicht, ebenso auf Spuren von Kleidern, — die Verstorbenen wurden in der Regel bekleidet begraben, — von denen oft wenigstens noch Abdrücke im Lehm oder in der Erde sichtbar sind.

Sehr wichtig sind die Schädel von Skeletten, weil diese über Rasse und Herkunft des Verstorbenen Aufschluss geben können; auf ihre Erhaltung ist daher besondere Sorgfalt zu verwenden und sie dürfen, wenn sie vorsichtig, mit Unterlagen eines Brettes ausgehoben sind, erst wenn sie an der Luft etwas getrocknet sind, von der Erde gereinigt werden. Wäre es thunlich, so sollte aber das ganze Skelett mit allen seinen Knochen gesammelt werden. Allfällig mitgefundene Thierknochen sind höchst wichtig und nicht nur die Zähne sondern alle Knochenreste aufzubewahren.

In nicht römischen vormittelalterlichen Gräbern findet sich niemals eine Spur von Mörtel; wenn daher das Skelett oder der Brand oder die Urne in einer Steinkiste stehen, so ist diese (wenn nicht römisch oder mittelalterlich) nur aus Bruch- oder Rollsteinen zusammengefügt ohne Anwendung von Mörtel.

Bei Urnengräbern sind die grösseren Gefässe, welche die Überreste der Verbrennung enthalten, gewöhnlich von kleineren umstellt, auf deren Stellung genau Acht zu geben ist.

Die heidnischen Hügel-Grabstätten sind ohne Ausnahme mit Gefässen aus grobem wenig gebranntem, daher meist bröckeligem und auf dem Bruch schwärzlichem Thon ausgestattet. Das Ausheben derselben erfordert grosse Vorsicht, weil sie meist durch die Feuchtigkeit des Bodens mürbe und häufig durch das Gewicht der darüber liegenden Erde zerdrückt sind.

Man muss daher trachten, sie vorerst von allen Seiten von Erde frei zu machen, wenn nöthig an einigen Stellen mit Draht oder Bindfaden umwickeln, und erst wenn sie an der Luft übertrocknet sind, durch Unterlegung eines Brettchens sammt ihrem Inhalt langsam ausheben. Sind sie geborsten, so gelingt es nach dem Trocknen, wenn die Sprünge nicht allzuweit klaffen, sie durch Leim oder Kitt, etwa in Spiritus aufgelösten Schellack zu kitten. Die im Gefässe befindliche Erde soll erst nach gänzlichem Trocknen des Thons vorsichtig herausgenommen werden. Als Kitt für gebrochene Töpfe ist ausser Schellack auch Gips mit Gummiwasser angerührt, oder Ätzkalk mit Topfen gemischt, zu empfehlen. Zum Ausheben der Gefässe ist bei sandigem Boden trockenes Wetter günstiger, bei Lehmboden feuchtes, weil dieser sonst so hart ist, dass man die Urnen nicht herausschälen kann.

Bei Waffen, welche gewöhnlich zur Seite des Verstorbenen liegen, insbesondere aber bei Schmucksachen ist wieder deren Lage von Bedeutung, ob letztere am Kopfe, Halse, an den Armen oder Füssen (Fussringe) liegen. Vermodertes Holz zeigt wenigstens oft die Länge der Griffe oder Stiele der Waffen an, ebenso Fasern von Leder oder gewebtem Stoff die Application der Metallschmucksachen. Bronze ist gewöhnlich mit grünem Rost überzogen, Eisen häufig völlig oxydirt, durchrostet. Gegenstände aus letzterem Metall, selbst wenn sie gut erhalten sind, unterliegen in den Sammlungen der Zersetzung durch die Luft, daher man sie mit einer Lösung von Fischleim (Hausenblase, Gelatine) überziehen und nach gehörigem Trocknen mit einer Mischung von Leinöl und Wachs firnissen soll. Bein wird durch Tränken mit Stearin oder Wachs wieder fester. Der grüne Rost, die edle Patina der Bronzen, darf nicht entfernt werden.

Vor allem wichtig ist eine genaue Beobachtung, Beschreibung und womöglich graphische Darstellung des Fundes in seiner Totalität, denn nur aus allen, scheinbar oft unwichtigen Umständen lässt sich ein Bild gewinnen, welches einen Schluss auf die Sitten, Gebräuche, überhaupt die Culturzustände des Volkes gestattet, das seine Leichen in einer grauen Vorzeit den Begräbnisstätten übergab.

Bezüglich der Herausnahme der Knochen und namentlich der Schädel und Skelette hat sich die Methode des Herrn v. Hölder vortrefflich bewährt. Er hebt die Schädel mit der sie umgebenden Erde heraus, bindet sie an Ort und Stelle in Papier und Leinwand und nimmt die Reinigung erst zu Hause vor. Dabei sind aber auch die kleinsten Bruchstücke aufzubewahren, weil aus ihnen der Schädel durch Zusammeneimen von einem geschickten Anatomen, wie z. B. die zahlreichen von Herrn Dahlem restaurirten Schädel beweisen, wieder hergestellt werden kann.

Zur Ausrüstung für eine Ausgrabung gehören, abgesehen von den Instrumenten, auch Kisten und Körbe mit Papier oder Baumwolle gefüllt, um die brüchigen Knochen wohlverwahrt transportiren zu können und sie so vor weiterer Zerstörung zu schützen; Hochstetter durchtränkte die Knochen an Ort und Stelle mit Wasserglas, wodurch es ihm gelang, ein ganz vollständiges Gerippe aus den Hallstätter Gräbern zu erhalten.

Um die getrockneten Theile des Schädels oder des Skeletts wieder zu befestigen, eignet sich der kaltflüssige Leim. Um ihn zu bereiten, rührt man in eine dünnflüssige warme Lösung von Kölner Leim etwa das Doppelte ihres Volumens gestossenen arabischen Gummi ein, bis die Masse die Consistenz des Honigs hat und gibt dann ein wenig Glycerin zu. Eine andere Mischung zum Kitten besteht aus gleichen Theilen Wachs und Venetianerharz, sind diese beiden Substanzen gut in der Wärme gemischt worden, so bilden sie einen Kitt, der beim Erkalten sofort die feste Vereinigung der Knochen erzielt.

Sehr wünschenswerth ist es, die ganzen Skelette, d. h. alle ihre Knochen, möglichst unzerbrochen aus den Gräbern zu erhalten, um die Skelette wieder zusammensetzen zu können. Oberarmbein und Schenkelknochen können am besten dazu dienen, durch ihre Messung ein Urtheil über die einstige Gesammtgrösse der Leiche zu gewinnen.

Alle der Beobachtung zu unterziehenden Momente bei Ausgrabung von Gräbern hat die Münchner anthropologische Gesellschaft in folgendem Fragebogen zusammengefasst, den wir zum Schluss noch anfügen.

Anhaltspunkte zur Erforschung und Aufnahme namentlich von Gräberfunden.

Reihengräber,

d. h. Gräber, die ohne äussere Kennzeichen von Hügeln oder Steinen nach Art unserer Gräber in die Erde eingeschnitten sind.

1) In welche Erdart sind die Gräber eingeschnitten?
2) Liegen sie in einer Reihe oder schachbrettförmig in mehreren Reihen oder sind sie backofenartig von der Seite in einen Abhang eingeschnitten?
3) Befindet sich nur eine Leiche in je einem derselben oder liegen mehrere über oder neben einander? kommen auch Thierknochen vor?
4) Nach welcher Himmelsgegend liegt der Scheitel des Kopfes, und die Sohle der Füsse; liegen alle Leichen nach einer Richtung?
5) Sind die Skelette vollständig; welche Theile fehlen?
6) Lag der Kopf in natürlicher Lage auf dem Boden, oder zu den Füssen, oder zwischen diesen?
7) Wie sind die Köpfe nach Länge und Breite beschaffen, sind alle von gleicher Form? zeigen sich Verletzungen an ihnen?
8) Welche Ausmaasse haben einzelne vollständig erhaltene Knochen?
9) Wie weit liegen die Gräber auseinander, und wodurch sind die Wände gebildet?
10) Wie tief liegen die Gebeine unter der Oberfläche?
11) Sind die Gebeine mit Sand, Kohle oder Asche bedeckt? Findet sich eine schwarze Holzmoderschicht über die ganze Länge des Skeletts? Von welcher Länge, Breite, Dicke war dieselbe? Geht sie über die Länge des Skeletts nach oben und unten hinaus und wie dick ist die Erdlage zwischen dieser Schicht und dem Skelett? Liegen sie in einem Bette von fremder Erde, welche eigens hieher gebracht werden musste, und wo kommt diese zunächst vor?
12) Kommen in den Gräbern Steinbaue vor, innerhalb welcher die Leichen liegen? oder finden sich in der Erde Steine

von besonderer Gestaltung? Sind die Steine bearbeitet? und wie?

13) Was findet sich an Waffen (Eisen oder Bronze), und zwar
a) zweischneidigen, langen Schwertern mit kurzem Griff?
b) einschneidigen mit langem Griff,
c) langen Kriegsmessern oder kurzen Messern,
d) Lanzenspitzen,
e) Pfeilspitzen mit oder ohne Widerhaken?
f) Äxte, Beile, Francisca?
g) Schildbuckel, Gürtelbeschläge, Gespänge, Sporen?
h) Hufeisen, kleine, grosse?

14) An welcher Seite oder Stelle der Skelette finden sich die einzelnen Waffen?

15) Was findet sich an Schmuck, und zwar
a) Armringe, hohl oder voll? Form? Ornament?
b) Fibeln (Gewandnadeln) mit oder ohne Spiralfedern, mit hohem oder niederem Bogen?
c) Ohrgehänge, Fingerringe?
d) Leibgürtel (breite Spangen) oder Gürtelschliessen mit Dorn?
e) Zierknöpfe (rund mit kurzem Stiel und Characteren)?
f) Brochen mit und ohne Glasschmelz oder Tauschirarbeit?
g) Viereckige Plättchen, Schuppen oder Bronzeröhrchen?
h) Glas- oder Thonperlen?
i) Durchbrochene runde Metallscheiben (Zierscheiben)?

16) Was findet sich an Geräthen (Eimer mit Henkeln, Kessel, Schlüssel, Kämme)?

17) Fanden sich Kleiderreste?

18) Welche Gattungen von Geschirren kommen vor, sind sie gebrannt oder an der Sonne getrocknet, haben sie die Form von
a) Urnen, Vasen,
b) Krügen mit Henkeln und Ausgussröhren, Gläser,
c) Schüsseln,
d) Schalen?

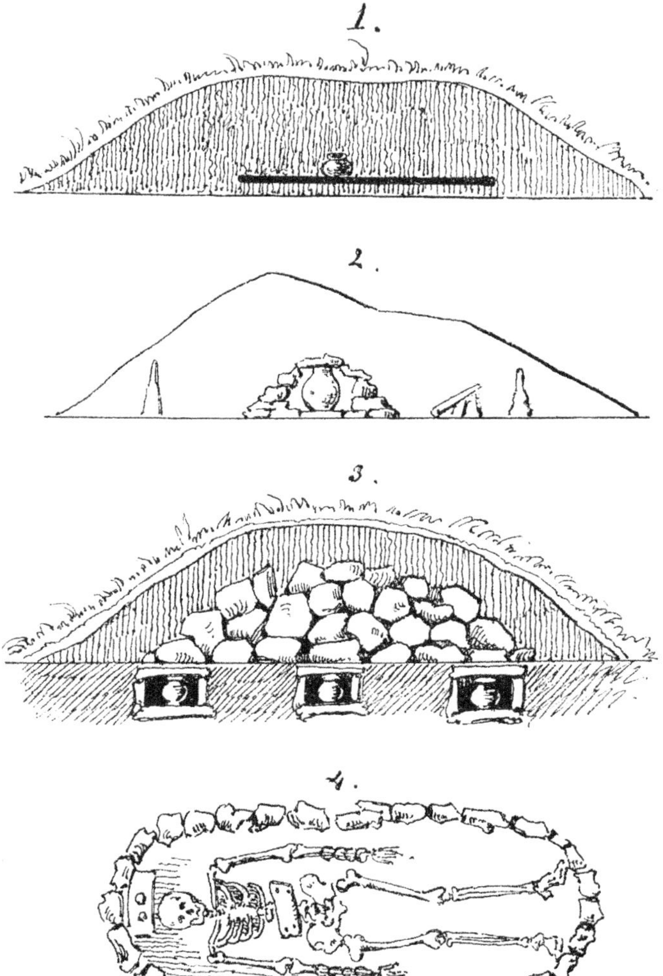

Tafel 55.

Bairische Hügelgräber nach Ohlenschlager. 1—3. Brandgräber. 1. Urne mit Brandschicht (Breitmoos). 2. Urne mit Steinen umstellt (Lehlitzer Anger). 3. Urnen in Steinkisten (Geckenau). 4. Leichenbestattung. Skelett in Steinkranz (Höfelhof, Neuburg).

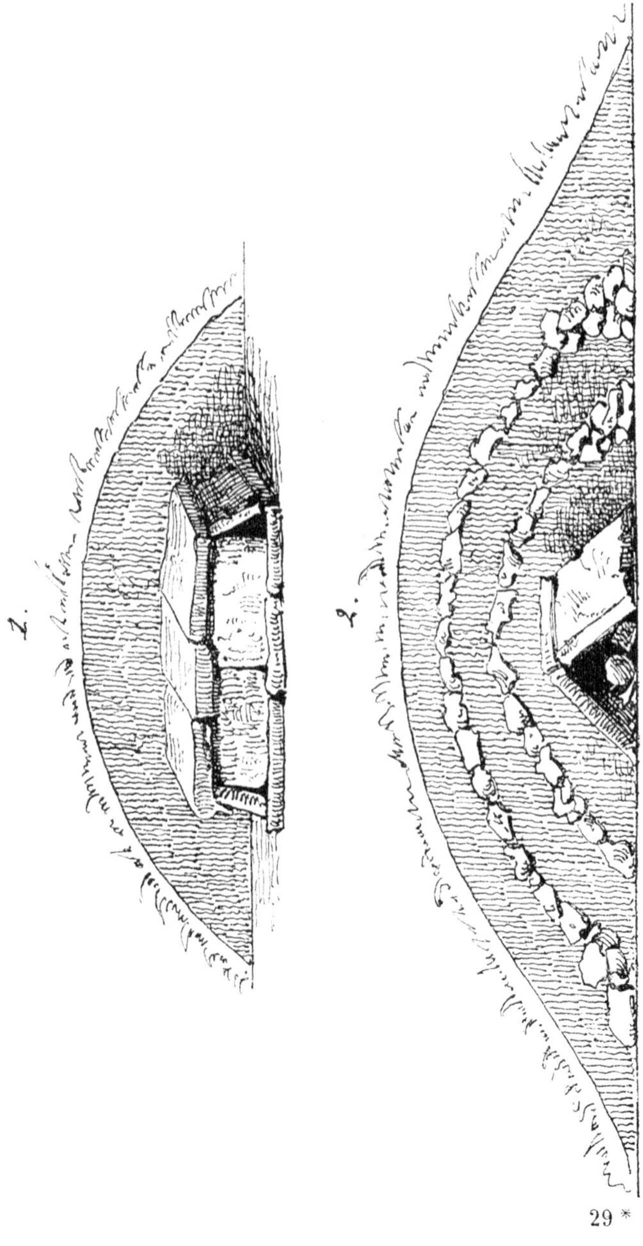

Tafel 56

Hügelgräber mit beerdigten Leichen nach Ohlenschlager.

1 Skelett in Steinkiste (Amberg) 2 Skelett unter Steinplatten und zwei Steingewölben (Altbessingen).

19) Kommen Münzen vor, sind sie lesbar, angehenkelt oder durchbohrt, tragen sie römisches, merovingisches oder barbarisches Gepräge, und von welchem Metall?

20) Wie gross ist die Anzahl der geöffneten Grabstätten? Sind ausserdem noch ungeöffnete Gräber vorhanden, oder zu vermuthen?

Grabhügel.

1) Lage: östlich, westlich, nördlich, südlich von? Planaufnahme ($^1/_{5000}$). Angabe des Flur- oder Waldtheils und der Katasternummer.

2) Zahl: wieviele geöffnet? wieviele ungeöffnet?

3) Grösse: Höhe nach Meter; Umfang nach Schritten. Bewachsung.

4) Gestalt: länglich oder kreisrund.

5) Name: welchen Namen haben die Hügel bei den Anwohnern?

6) Bauart.

1. Aus Erde allein. Ist diese gleich mit der Umgebung oder aus welcher nächsten Fundstelle herbeigeführt? ist sie durchaus gleich oder in Schichten?
2. Aus Erde und Steinen. Sind die Steine gleichartig oder nicht? Sind die verschiedenen Steinarten an besonderen Orten, z. B. als Unterlage, Decke etc. oder durcheinander verwendet?
3. Steine allein.
4. Lage der Steine.
   a) kreisförmig (Ring oder Scheibe)?
   b) gewölb- oder sargartig?
   c) viereckig; (kreuzförmig)?
   d) unregelmässig?
   e) in ebenen (horizontalen) Schichten (wieviele)?

7) Begräbnisszahl: Ein Grab in einem Hügel (mit einer oder mehreren Leichen)?

Zwei oder mehrere Gräber (mit je einer oder mehreren Leichen) in einem Hügel?

Massengräber.

8) Bestattungsweise.

1. Verbrennung. (Stellung der Urnen. Womit sind dieselben gefüllt?)
2. Verbrennung mit Beerdigung, örtliche Vertheilung der Begräbnisse im Hügel.
3. Beerdigung. Lage der Füsse. Skelett gestreckt oder sitzend; auf dem Rücken oder Gesicht liegend? Ganz oder in welchen Theilen vorhanden? Geschlecht? Lage der Hände. Auf, unter oder wie hoch über dem gewachsenen Boden? Finden sich Spuren (Moder) von Särgen?
4. Gräber in Hügel eingeschnitten (Nachbegräbnisse).
5. Hügel mit Gefässtrümmern ohne Asche.

9) Beigaben.

1. Reste von Kleidung.
2. Schmuck. Hals-, Arm-, Bein-, Schenkel-, Kopf-, Ohrringe; Spangen, Nadeln, Haften, Knöpfe, Schnallen, Ketten, Kämme, Muscheln, Thierzähne, Stücke oder Perlen von Bernstein. Wo lagen diese Stücke? Aus welchem Stoff sind sie gefertigt?
3. Münzen gehenkelt oder unverletzt. Ist Gepräge und Schrift zu erkennen?
4. Waffen: Stein, Bronze, Eisen? Schwerter, Dolche, Metallschuppen, Metallgürtel, Sporn (am linken Fuss?)?
5. Gefässe von Thon oder Metall. Überurnen.

10) Wo sind die Funde und wer kann darüber Aufschluss geben? Sind dieselben zu erwerben und unter welchen Bedingungen?

11) Art der Aufgrabung (Durchschnitt oder Anschnitt oder Ausbohrung).

Instrumente zur Pfahlbauuntersuchung.

Wir geben noch eine Abbildung der Hauptinstrumente, welche Much bei seinen Pfahlbauforschungen namentlich im Mondsee benutzte.

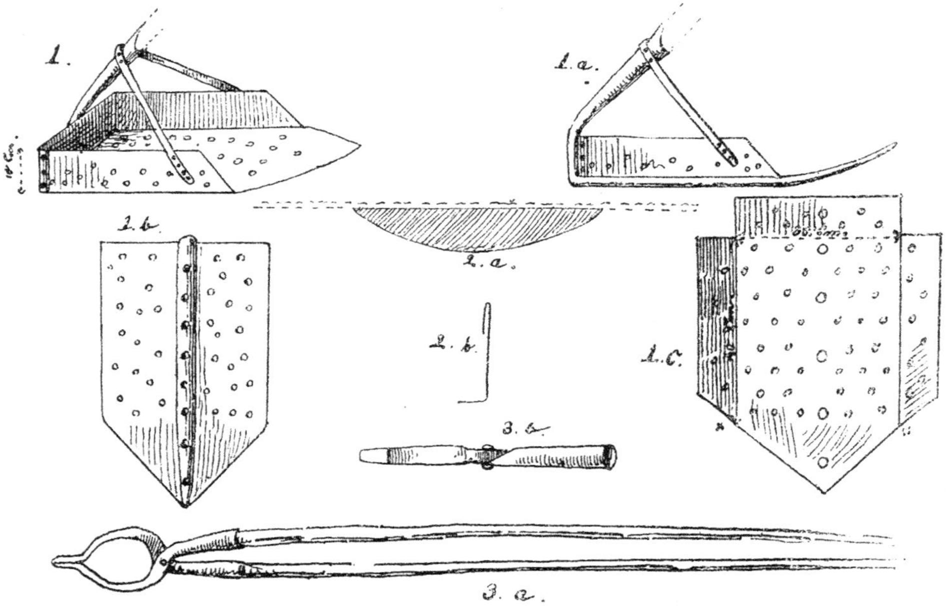

Tafel 33 *a*.

1*a*. *b*. Baggerschaufel aus starkem Eisenblech in verschiedenen Ansichten. 1*c*. Offen vor dem Zusammenbiegen. 2*a*. Verstärkungsgrad des Schaufelbodens im Durchschnitt. 2*b*. Schema der Umbiegung der Schaufelseiten am oberen Rande. 3*a*. Grosse Zange zum Herausfischen von Gegenständen bei klarem Wasser. 3*b*. Der eine Arm der Zange.

Die nähere Beschreibung der Instrumente von Much ist zu vergleichen: Correspondenzblatt der deutschen anthropologischen Gesellschaft 1881. Nr. 2. Februar.

Kapitel VI.

Reste der Vorgeschichte im modernen Volksleben.

1. Die Beziehungen zur Vorgeschichte in Sagen und Localnamen.

Die Hauptaufgaben der anthropologischen Forschung liegen bis jetzt noch immer in der Untersuchung der Überreste der Vorzeit.

Aber auch das heute lebende Geschlecht verlangt unsere Aufmerksamkeit, und zwar sind es hier wie dort Dinge und Verhältnisse, die sich dem oberflächlichen Blick entziehen, welche für den Fortschritt unserer Kenntnisse den hervorragendsten Werth besitzen.

Wir können uns bei der Darstellung der anthropologischen Forschungsaufgaben unter den heutigen Gebirgsbewohnern jedoch weit kürzer fassen als bei unseren bisherigen Betrachtungen, da es sich hier viel weniger um Anschaulichmachung der Untersuchungsmethoden handelt als darum, aufmerksam zu machen auf das, was überhaupt eine Beachtung und Aufzeichnung verdient.

Es gilt zunächst, jene Fragmente der Erinnerungen zu sammeln, welche sich im Volksleben aus den Perioden der Vergangenheit, oft aus der frühesten Vorzeit bis heute erhalten haben.

Vor allem leben diese uralten Erinnerungen im Gedächtniss der Bewohner fort in den Local-Sagen, Local-Märchen, aber nicht weniger auch in dem Aberglauben, der wie diese vielfach eine Tradition ist aus der seit länger als einem Jahrtausend hinter uns liegenden Heidenzeit.

In dieser Hinsicht besitzen die Sammlungen solcher Art von Alterthümern auch einen unbestreitbaren Werth für die Anthropologie, und dann um so mehr, wenn sich die betreffenden sagenhaften oder abergläubischen Erzählungen auf bestimmte Überbleibsel der frühen Vergangenheit des betreffenden Landes, etwa auf Höhlen oder vormittelalterliche Mauerreste, auf Opfersteine und andere Stätten des heidnischen Cultus beziehen.

So finden wir an viele der in den vorigen Abschnitten beschriebenen vorgeschichtlichen und urgeschichtlichen Localitäten: an Grabhügel und Gräberfelder, nicht weniger als an Höhlen, aber auch an die ältesten Strassenzüge, Befestigungen, Wälle und Thürme, an auffällige Felsenbildungen, an Quellen, Brunnen und Weiher, an einzelne sehr alte Bäume u. m. a. oft die wunderlichsten Sagen anknüpfen, deren treue Sammlung und directe Aufschreibung nach der Erzählung einer Zutrauen verdienenden Person werthvoll sind.

In Beziehung mit den Grabhügeln und Gräberfeldern treten zumeist Schatzsagen der auffälligsten Art auf: dort soll eine goldene Wiege, dort ein goldener Wagen, in slavischer Gegend das goldene Kalb, vergraben sein, aber es zeigt sich auch an solchen Orten der Mann ohne Kopf oder man munkelt sich nur grausend zu, dass „Sie da begraben liegen." Sehr vielfältig enthalten diese Erzählungen wirklich einen wahren Kern und haben schon mehrfach zur Auffindung wichtiger prähistorischer Fundstätten gedient. In anderen Fällen hat sich nur die Tradition erhalten, dass einst ein gewisser Hügel, ein Ausbau an einem solchen von Menschenhand z. B. von den Jungfrauen des Ortes aufgeführt worden sei (vgl. oben S. 408).

Bei vielen Höhlen hüllt sich die Erinnerung einer einstigen Bewohnung vielfach in Sagen von Zwergen und Waldmenschen, Waldfrauen. An den künstlichen Höhlen haftet in Baiern die Sage von den „drei Schwestern" oder „drei Fräulein", als welche die Nornen ein mährchenhaftes Dasein bis in unsere Tage fristen. Sehr charakteristisch erscheinen auch als Bezeichnung von Höhlen und Grotten die ortsüblichen Namen wie „Bettelküche" und ähnliche.

Ausserordentlich zahlreich pflegen Sagen an alte Cultusstätten aus heidnischer Zeit anzuknupfen, wohl auch an Ting- und Gerichtsstätten. Man sollte solche Localitäten, auf welchen die Mythe ruht, nicht unbesucht und nicht ohne genaue Beachtung lassen, da sich dort Spuren von alten Opfersteinen, Malsteinen, von Steinen mit eingehauenen Zeichen, namentlich jene Schalensteine, finden könnten.

In „heiligen Quellen“, von welchen die Volkserinnerung wusste, hat man schon schöne vorgeschichtliche und fruhgeschichtliche Funde gemacht. War es doch einst Sitte, in die Quellen wie in einst heilige Seen und Weiher, die in der christlichen Zeit zu Teufelsseen wurden, Opfergeschenke zu versenken. Nicht nur Steininstrumente, Steinhämmer, sondern auch, und zwar in einzelnen Fällen in ganz erstaunlicher Menge, Bronzeschmuckgegenstände, namentlich kleinere Fibeln, und wohl auch Münzen hat man bei Untersuchung derartiger Quellen gefunden.

Manchmal leiten auf vorgeschichtliche Reste auch einzelne sehr alte Bäume hin, an welche sich sagenhafte Erzählungen anknüpfen. Als solche „heilige Bäume“ erscheinen vor allem Linde, Eiche, Buche, Taxus, Stechpalme.

Am reichsten pflegt die Sage alte Bauwerke, oder Stätten früherer Bewohnung, Stellen abgegangener Orte und Schlösser zu umranken. Hier haften aber auch vielfach in der Erinnerung der Umwohner Thatsachen von wirklich historischem Werth.

Auf den alten römischen Strassenzügen und Brücken, die einer viel weniger in der Cultur fortgeschrittenen späteren Bevölkerung als ein Werk des Teufels erschienen, lässt sich bei Nacht das Geschrei des wilden Heeres hören, oder es zeigt sich selbst der feurige Reiter oder der Mann ohne Kopf, denen wir auch auf den alten heidnischen Grabhügeln begegnen.

Aber nicht nur die abergläubischen Erzählungen, auch die noch heute im Volksmund gebräuchlichen Bezeichnungen solcher Localitäten geben oft die erwünschtesten Fingerzeige.

So tragen die Römerstrassen häufig den Namen Heidenweg, Hochstrasse oder Steinweg oder wohl auch nur alter Weg, die anliegenden Flurtheile heissen Hochstrassäcker, Altwegäcker.

Namentlich in Ortsbezeichnungen, welche mit dem Wort

„Heide" oder „Heiden" zusammengesetzt sind, bergen sich oft alte Traditionen. So der Heidenberg, auf welchem vorgeschichtliche Spuren gefunden wurden, Heidenstatt, eine der bedeutendsten vorgeschichtlichen Ansiedelungen in Nieder-Österreich, und Heidenthor, Reste eines triumphbogenartigen Quadriviums daselbst. Das Heidengebirge ist jener Theil des Salzbergwerks von Hallstatt, welcher in der Zeit des Grabfeldes auf dem Salzberge betrieben wurde, Heidenlöcher heissen die künstlich gegrabenen Erdhöhlen in der Nähe von Überlingen am Bodensee, Heidenköpfe sind in Nassau alte Grabhügel so wie Heidenbuck im Elsass, dem das bairisch-österreichische Heidenbichel oder Heidenbühel entspricht. Diese Bezeichnungen werden an anderen Orten durch andere Ausdrücke: wie Teufelsberg, Opferberg, Todtenberg, Schelmenbuck u. ä. ersetzt; in manchen österreichischen Gegenden werden die Grabhügel auch als „Geldkogel" oder Mugeln bezeichnet.

Sehr häufig knüpft die Tradition des Namens an eine sich im Gedächtniss erhaltende kriegerische Invasion fremder Völker an, so führen in Deutschland grosse Grabhügel die Namen: Schwedenschanzen, Franzosenhügel, in Österreich auch Türkenhügel.

In der Schweiz führen die zerstörten Römersitze im Munde des Volks Bezeichnungen wie: Mauern, Muri, Mürli, oder um sie von Erdwällen zu unterscheiden, die Benennung. Steinmauern oder Steinmürli. Stehen die Ruinen auf Anhöhen, ist das Mauerwerk von auffallender Stärke und Ausdehnung so heissen sie Burg und Schloss oder wieder in Diminutivform Bürgli, Schlössli, zuweilen auch Castell. Ein Ort, auf welchem eine Menge (römischer) Dachziegeln umherliegen, wird Zieglen, Ziegleten genannt. Um diese Orte als Wohnsitze einer früheren oder einer dem Heidenthum angehörenden Bevölkerung zu bezeichnen, legte man ihnen den Namen Altstadt, Altstätten, Altenburg, Altendorf, auch Heidenstadt, Heidenburg, Heidenschloss, Heidenhüsli bei. Der Name Heidenkeller weist auf Hypokauste, römische Heizeinrichtungen, hin. Einige Namen wie Wil (villa), Täferi (taberna) und das häufige Kasern u. a. zeigen in vielen

Fällen römische Baureste an. L. Steub hat auf die zahlreichen romanischen Ortsnamen aufmerksam gemacht, welche sich in Deutsch-Tirol erhalten haben.

In Süddeutschland und Österreich sind für prähistorische Befestigungen vor allem die Namen Burg und Burgstall oder Burgstatt bekannt.

In slavischen Gegenden finden sich namentlich vielfältig derartige Ortsbenennungen, welche auf vorhistorische Reste hinweisen.

Nach v. Hochstetter's Angabe ergeben sich z. B. in Krain wichtige Fingerzeige für die Auffindung prähistorischer Denkstätten aus den slovenischen Benennungen der Örtlichkeiten. Die in das Land eingewanderten Slaven haben die einstige Bedeutung der von ihnen in Trümmern vorgefundenen Befestigungen, Niederlassungen und Grabstätten früherer Völker richtig erfasst und derartige Localitäten, bei denen häufig im Lauf der Jahrhunderte jede Spur einstiger menschlicher Thätigkeit vom Erdboden verschwunden ist, durch entsprechende Benennungen als historische Wahrzeichen den späteren Generationen erhalten.

Derartige Namen sind: Gradiše, tabor, straža für einstige befestigte Orte.

Viele Ortschaften in Krain heissen gradiše, sogar eine Vorstadt in Laibach, wo die einstige Römerstadt gestanden. Der Name bedeutet die Stelle, wo einst ein befestigter Punkt gestanden. Jedoch führt keine mittelalterliche Ruine diesen Namen, welche vielmehr durch grad oder eine Zusammensetzung mit diesem Wort wie stari grad, panati grad, etwa: Altenschloss, Dürrenschloss, bezeichnet zu werden pflegen. Alle in Krain vorkommenden Gradiše sind ausgezeichnete Vertheidigungspunkte, meist an Thalsperren oder auf eminenten Höhenpunkten gelegen, die ganze Umgebung beherrschend, mit weiter Fernsicht auf Ebene und Thalniederung.

Man kann mit Sicherheit darauf rechnen, dass in der Nähe aller jener Orte, wo eine Kirche oder Capelle des h. Vitus oder des h. Michael steht, auch eine Gradiše anzutreffen ist, Roje und rove bedeuten alte Schanzen, Cvinger, offenbar vom deutschen Zwinger, Erdwälle, z. B. die Erdwälle, welche das Plateau einer gradiše umgeben; Trnovo und trnova heisst eine mit Gestrüpp, eigentlich mit Dorngestrüpp (trn) bewachsene einstige Ansiedelung, Stara cesta, ajdovski pot heisst Heidenweg, Römerstrasse, Gomila, künstlich aufgeworfener Erdhügel, Grabhügel, tumulus; Ajdovca, ajdovšna Heidenstätte.

Als Ortsname kommt das Wort Gomila in Krain seltener vor als Gradiše, doch ist die Bezeichnung für gewisse Localitäten mit aufgeworfenen Hügeln eine sehr häufige, ja man kann darauf rechnen, überall wo ein Gradiše vorkommt, in dessen Nähe auch solche Gomile anzutreffen.

Die Grabhügel heissen in manchen slavischen Gegenden auch šaci, Schazi, vom deutschen Worte Schatz abgeleitet.

In prähistorischer Beziehung sind auch die Hügel, auf welchen die alte Sonnwendfeier der Urbevölkerung als Johannisfeuer noch jetzt gefeiert zu werden pflegt, von Bedeutung. Die Johannisfeuer werden meist auf hervorragenden und ausgezeichneten Höhenpunkten angezündet, welche einst Befestigungen, Ansiedelungen u. a. getragen haben. In Krain brennen diese Feuer vielfach auf Gradiše.

Die Tabore gehören meist den Türkenkriegen an, es sind mit Mauern versehene feste Plätze. Doch werden in manchen Gegenden auch die prähistorischen Erdwälle als Tabor bezeichnet.

Manche in Krain vorkommende Straža, Warte, Wache reichen bis in die Urzeit zurück.

Es werden von den Forschern in slavischen Gegenden noch eine Anzahl Ortsnamen nach ihrer Bedeutung auf prähistorische Gräberfelder und Ähnliches gedeutet. Hier genügt es, auf dieses Verhältniss hingewiesen zu haben, dessen Beachtung noch manche Resultate verspricht.

Besonders werthvoll würde es sein, auch für den deutschen und romanischen Theil des Alpengebiets nach derartigen Erinnerungen, die sich in Ortsnamen erhalten haben, zu forschen.

2. Gebäulichkeiten und Hausindustrie.

In den Holzbauten der Alpenländer haben sich uralte Traditionen erhalten.

Es gilt das nicht nur von den einfachen Blockhütten, in

welchen sich eine der ältesten Bauarten erhalten hat. Bekannt sind die architectonischen Beziehungen, welche seit Vitruv zwischen dem Bau der Holzhütten und dem ältesten Styl der griechischen Tempel aufgestellt zu werden pflegen. Es hat sich der griechisch-römische Steinbau aus dem Holzbau entwickelt, und ist in seinen inneren Beziehungen nur aus diesem verständlich.

Gewiss ist es von hoher Bedeutung für die Entwicklungsgeschichte eines Volkes, die Geschichte seiner Baukunst zu studiren. In den einfachen Lebensverhältnissen des Gebirgs ergibt sich für derartige Beobachtungen noch reiche Gelegenheit, obwohl es auch hier gilt, zuzugreifen, ehe es zu spät ist, ehe die alles nivellirende Cultur unserer Zeit auch in diesen geschützten Winkeln die letzten Reste einer specifischen Bauweise zerstört hat.

In dieser Beziehung sind die originellen Gebäulichkeiten einer Gegend nicht nur als malerische sondern als wissenschaftlich werthvolle Objecte zeichnerisch zu fixiren, um eine wirklich eingehende Vergleichung mit anderen Localitäten zu ermöglichen.

Eine sehr interessante Untersuchung hat sich in der letzten Zeit mit dem Giebelschmuck der ländlichen Wohnungen z. B. Pferdeköpfe u. a., beschäftigt und darin werthvolle Überreste alter heidnischer Gebräuche und Anschauungen nachgewiesen.

Es wäre darauf zu achten, wo die alte Methode des Baues von Hütten aus Reisergeflecht mit Lehmbewurf noch heute im Gebrauch ist, z. B. bei Ställen, Scheunen etc.

Der Bau der Keller, der Vorrathsgruben wird Anknüpfungspunkte bieten mit den prähistorischen Ansiedelungen und Resten von Wohnstätten, von denen oben die Rede war*).

Aber das gleiche Interesse beansprucht die innere Einrichtung der Wohnhäuser, die Geräthe und sonstigen Gegenstände des täglichen Gebrauchs und der Kleidung. Originelle Formen von Möbeln, Herdeinrichtungen, Rauchfängen, Geschirre und Gefässe aller Art, Löffel, Gabeln, Messer u. v. a. Auch die

*) In Beziehung auf die Bildung von Dörfern und deren nationale Bedeutung weisen wir auf einen Aufsatz von Meitzen hin Zeitschrift für Ethnologie Bd. IV, S. 134.

Benennungen dieser Objecte z. B. der Kleidungsstücke bieten manches Interesse.

Sehr wichtig ist es, den eigenthümlichen Ornamentirungsgeschmack der verschiedenen Stämme und Völker zu studiren, und zwar namentlich da, wo er sich in durch Hausindustrie hergestellten Gegenständen zu erkennen gibt.

Aber Nichts ladet so zur Untersuchung und Sammlung ein wie die alterthümlichen Hausindustrien selbst, welche mehr und mehr verschwinden.

Es ist von grösster Tragweite, den Resten dieser Hausindustrien nachzugehen, ihre Methoden genau zu beobachten, während der directen Beobachtung selbst zu Papier zu bringen und die dabei gebrauchten Instrumente aller Art zu sammeln.

Vor allem wäre hier wohl das Augenmerk auf die Hausweberei, überhaupt auf die Methoden der Wolle- und Flachsbereitung und Verarbeitung zu richten. Die alte Hausweberei führt selbst nur noch in abgelegenen Gegenden ihr kümmerliches Dasein als Bandweberei. Es wäre wünschenswerth, alle dabei in Gebrauch stehenden Geräthe zu erwerben und an eine ethnographische Sammlung abzugeben. Aber auch die Netzstrickerei, die dabei gebrauchten Instrumente und alles Ähnliche verdienen volle Beachtung.

Für das Verständniss der prähistorischen Töpferei ist es sehr werthvoll in abgelegenen Orten, wo dieses Handwerk noch von einheimischen Töpfern betrieben wird, die Töpferwaare zu studiren und womöglich nach ihren Haupttypen der Form und Verzierung zu sammeln. Übrigens wird für bestimmte Gegenden auch von auswärtigen Töpfern specielles Thongeschirr, nach Form und Verzierung originell, noch angefertigt. Es ist daher im allgemeinen schon interessant, Töpferwaare des täglichen Gebrauchs aus den verschiedensten Orten zu beobachten und zu sammeln.

In prähistorischer Zeit war vielfach der Gebrauch schwarzen unglasirten Geschirres verbreitet. In vielen Fällen stammt die schwarze Farbe solcher Geschirre von Verwendung von Graphit her, der als Überzug verwendet oder in den Thon selbst eingeknetet wurde. Es wäre von Interesse, die heutige Verwendung und geographische Verbreitung des durch Graphit geschwärzten Geschirres festzustellen. In anderen Fällen scheint die schwarze Farbe prähistorischen Geschirrs vom Brennen in einem „Rauchfeuer“ herzurühren Auch die Art des Brennens der Geschirre in abgelegenen Orten verdient daher Beachtung.

Ganz besonders verdient aber noch darauf hingewiesen zu werden, dass sich uralte Moden im Schmuck der Frauen und Männer, auch der Pferde erhalten haben, wie die silberne Hand an den Miederketten in Baiern, die Verwendung von Filigran, von Haarnadeln in der Form jener in den Pfahlbauten ausgegrabenen. Hier wäre auch in den verschiedenen Gegenden des Gebirgs für ethnologische Museen zu sammeln, was zu sammeln ist.

Nachtrag.

Skelettheile aus vorgeschichtlichen Gräbern und modernen Ossuarien.

Bei der Besprechung der Ausbeutung der vorhistorischen Grabstätten wurde S. 443 eingehend auf die Wichtigkeit hingewiesen, welche die Sammlung von Skelettheilen und namentlich von wohlerhaltenen Schädeln besitzt, da aus diesen ein anthropologisch geschultes Auge gar Manches über Nationalität, Stammesangehörigkeit, Geschlecht, Alter etc. herauszulesen versteht, was uns die wichtigsten Aufschlüsse über die Stellung des Gräberfundes gewährt. Auch die Vorsichtsmaassregeln bei dem Herausnehmen der Knochen wurden genau dargestellt. Es handelt sich aber nicht nur darum, die Knochen möglichst unverletzt aus dem Boden zu heben, sondern auch darum, sie so in die Hände eines Anthropologen vom Fach, der allein die eigentlich wissenschaftliche Untersuchung zu übernehmen vermag, gelangen zu lassen. Zum Zweck des Transports sind die

Knochen am besten in recht trockenes Stroh oder Heu einzulegen und sowohl vor der gegenseitigen Berührung, als vor zu naher Anlagerung an die Wände der Kiste zu schützen. Bei sehr zerbrechlichen oder kostbaren Stücken z. B. bei Schädeln, die in Höhlen und Grabhügeln ausgegraben wurden, ist es nöthig, im Innern der Kiste Scheidewände anzubringen, so dass jeder Schädel in einer besonderen Abtheilung des Innenraumes untergebracht ist. Hier empfiehlt sich wohl auch als Packmaterial Baumwolle (Watte). Etwa lose gewordene Zähne sind separat einzuwickeln und wie der Schädel genau bezeichnet mit zu verpacken.

In vielen Orten des Gebirgs befinden sich in oder an den Kirchen oder in eigenen Kapellen auf den Kirchhöfen sogenannte Ossuarien, Todten-, Knochen- oder Beinhäuser, in welchen sich gewöhnlich nur wenige, oft aber eine sehr grosse Anzahl von Gebeinen, namentlich von Schädeln, welche aus dem Kirchhofe ausgegraben wurden, befinden.

Es versteht sich von selbst, dass diese durch die Pietät geweihten Reste der Vorfahren von den Stätten ihrer Ruhe nicht entfernt werden dürfen, sondern an Ort und Stelle untersucht werden müssen. Es wäre daher sehr erwünscht, wenn die Reisenden solche grosse ethnographisch-anatomische Sammlungen von Schädeln genau notiren, und davon dem Verfasser dieser Schrift (München, Briennerstrasse 25), der sich mit der ethnischen Schädeluntersuchung der Gebirgsbevölkerungen auf das Eingehendste befasst hat und fortgesetzt befasst, Mittheilung machen würden. Derartige Mittheilungen müssen ausser der Ortsangabe auch eine wenn auch nur beiläufige, aber an Ort und Stelle gemachte Zählung der in dem Knochenhause liegenden Schädel enthalten. Ein grosses Ossuarium ist erst ein solches, welches 100 und mehr (oft mehrere Tausende!) Schädel birgt. Es wird dringend gebeten, solche gewissenhafte Mittheilungen nicht zu versäumen, die es einst gestatten werden, die höchst wichtige Frage nach den jetzt vorhandenen Schädelformen der Bewohner der verschiedenen Theile der Alpen zum wissenschaftlichen Abschluss zu bringen.

Inhaltsverzeichniss.

Druck von Breitkopf & Hartel in Leipzig

Zu J. Ranke, anthropolog. vorgeschichtl. Beobachtungen. Herausgegeben vom D. u. Ö. Alpenverein.

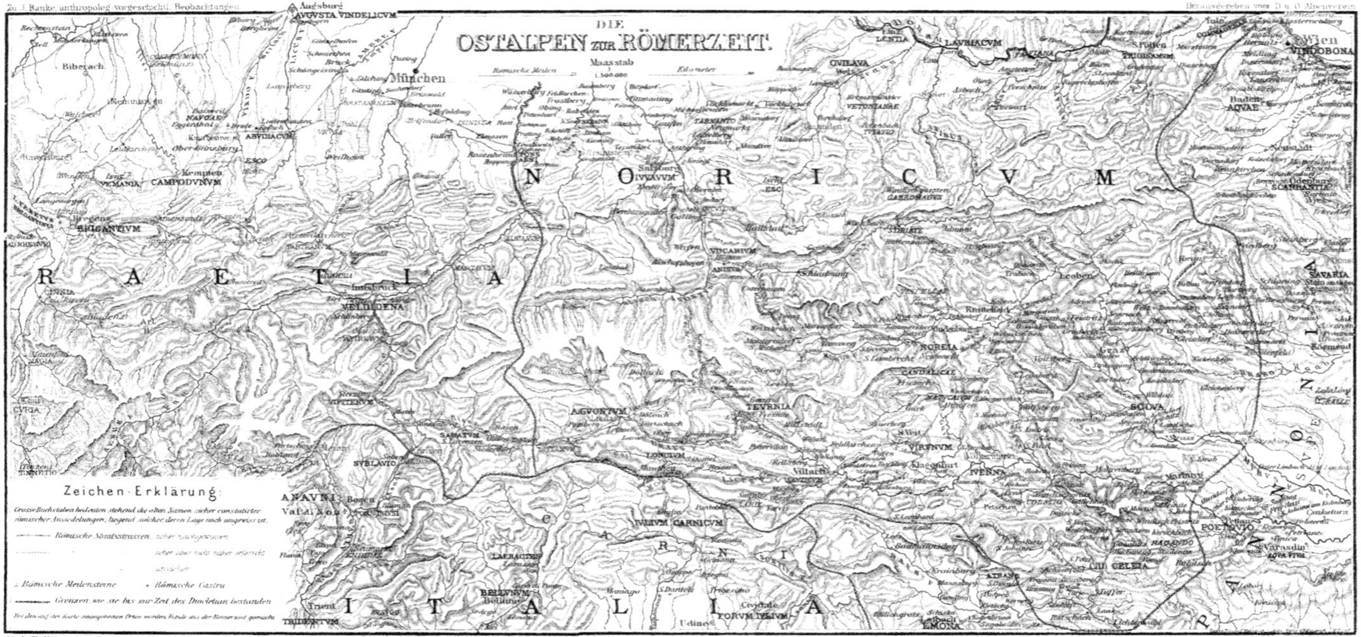

Nach Th. Mommsen (Corpus inscript. lat.) H. Petters Hildburghausen

Printed in Dunstable, United Kingdom

91218888R00127